LES ANÉROÏDES

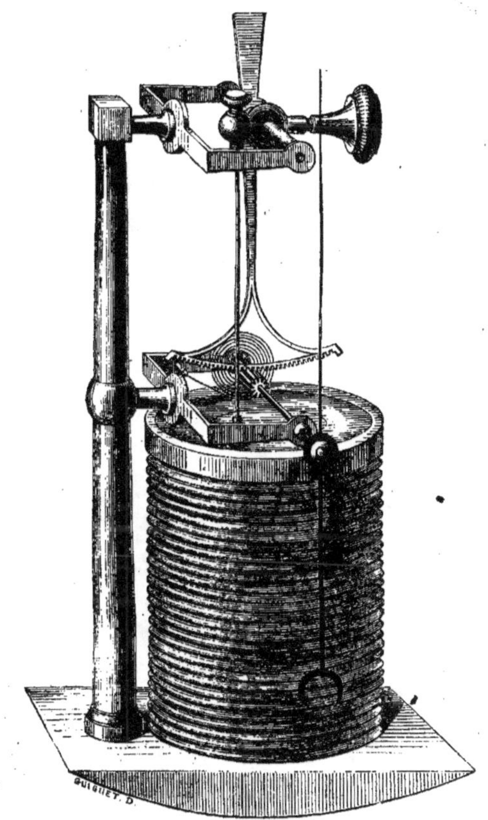

PARIS
IMPRIMERIE CENTRALE DES CHEMINS DE FER
DE NAPOLÉON CHAIX ET Ce
Rue Bergère, 20, près du boulevard Montmartre.

LES ANÉROÏDES

1861

Peu de temps après que la cour de Paris eut rendu à l'auteur des anéroïdes ses droits à l'invention, un des écrivains de la presse scientifique vint lui demander s'il n'avait pas rédigé quelque chose sur ce sujet : c'était, disait-il, à celui à qui on devait l'invention qu'il appartenait d'en donner une première et complète description.

Dans cette démarche désintéressée et empreinte de bienveillance, il y avait en même temps quelque chose de modeste et de sage ; non pas que le principe ne soit des plus simples à concevoir, et qu'il ne puisse être expliqué par tout autre et mieux que par un inventeur, dont l'esprit reste toujours embarrassé dans les langes de ses premières pensées ; mais c'est que l'application de ce principe a dû exiger diverses conditions que ne révélerait peut-être pas suffisamment la vue de l'instrument.

On pouvait d'ailleurs espérer autre chose.

C'est, en effet, sur l'expérience, partout où elle se produit,

que les sciences fondent de plus en plus l'espoir de leurs progrès.

A l'une des plus anciennes et des plus belles il a pu suffire, pour en jeter les bases, du simple aspect du ciel observé par les bergers et les navigateurs pour les besoins de leurs industries, des premières du monde, et lorsque, plus tard, Newton est venu donner à l'astronomie un si grand essor, l'idée lui en a surgi, dit-on, en voyant un fruit tomber de sa branche.

Sur des données si simples, le calcul a pu se lancer à perte de vue, et arriver, de nos jours, à des résultats prodigieux ; mais il n'en est point ainsi de l'étude intime des corps. Les causes peuvent y être assez difficiles à saisir et à suivre pour que nos prévisions aient besoin d'être à chaque pas jalonnées par des essais. Si ces essais demandent à être trop multipliés et trop longs pour des études ordinaires, et que les arts n'offrent pas d'éléments suffisants dans les combinaisons diverses qu'ils créent sans cesse pour notre usage, la science peut rester pendant des siècles dans l'erreur ou le doute sur les points les plus fondamentaux de ses traités.

C'est ainsi que, comme il n'avait jamais existé aucune enveloppe conservant le vide indéfiniment sous de minces parois métalliques, ni aucun appareil élastique restant suffisamment soumis à de fortes pressions avec un mécanisme accusateur des moindres affaiblissements, tant et de si savants travaux mathématiques auxquels on s'est livré sur les molécules n'avaient pu garantir ni la possibilité de tenir ainsi le vide, ni la possibilité d'une élasticité parfaite.

Mais après ces deux questions résolues par l'existence des anéroïdes, combien d'autres restaient à étudier, surtout au sujet de l'élasticité, notamment sur les alliages, sur l'écroui, sur la trempe, qui en modifient si gravement la valeur; sur l'action de la chaleur, sur les dérangements qu'elle peut déterminer; sur d'autres circonstances aussi, comme il peut s'en présenter quand, pour des desseins nouveaux, on soumet la matière à des observations nouvelles!

Le breveté n'avait-il pas dû au moins, au delà d'un premier but à atteindre, échelonner l'exécution de ces instruments dans des conditions diverses, afin d'établir quelques lois pour diriger les changements qu'on voudrait apporter aux dimensions ou aux formes?

Si, dans ses tentatives ruineuses, il avait fait preuve de quelque goût pour la science, il avait dû sans doute plus tard regarder comme un jeu que de créer de puissants appareils enregistreurs avec ces feuilles de métal qui remplaçaient des masses de mercure, ainsi que de faire interroger l'atmosphère par de légers diaphragmes, depuis ses ondulations les plus souples jusqu'à ses mouvements vibratoires?

En observant chaque jour la pression de l'atmosphère mesurée par l'élasticité des anéroïdes en regard des indications données par le poids du mercure, aurait-il entrevu quelque étude comparative à faire sur l'élasticité et la pesanteur?

On conçoit que quelqu'un, ami du progrès, soit venu frapper à cette porte.

L'inventeur chercha autour de lui: il avait plus de vingt imprimés, mais que disaient-ils? L'histoire du baromètre telle qu'elle avait été jusqu'à ses procès; puis le fait de l'anéroïde, et ils arrivaient à la lutte contre les mémoires, les rapports, les décisions qui faisaient triompher une double thèse, à savoir, que le baromètre transportable qui, après Gay-Lussac, fut encore le rêve d'Arago, avait été inventé cinquante ans, quatre-vingts ans même, avant son brevet de 1844, et cinq ans plus tard (1).

(1) 1758, 1759. *Mémoires de l'Académie des Sciences de Saint-Pétersbourg.*
Floréal an VI. *Bulletin des sciences de la Société philomatique.*
19 avril 1844. Premier brevet des anéroïdes.
18 juin 1849. Brevet de M. B.....

Triste travail qui, après la bulle de savon détruite, ne devait rien laisser d'utile, rien à extraire, si ce n'est pour l'excuse de l'auteur (entouré de procédures encore en 1860), ce passage de 1851 :

« N'est-ce pas au moment où un inventeur arrive au succès » qu'il doit rencontrer l'envie pour flétrir son travail, la con- » trefaçon pour s'en emparer, et, chose déplorable, lui faire » consumer dans de misérables débats des années qui devraient » être employées plus utilement? »

Et qu'on ne suppose pas que ce dut être seulement la préoccupation d'un moment. N'avait-il pas encore à l'imprimerie une réponse préparée à un professeur qui, en décembre 1859, était venu, en trente-cinq pages in-quarto, éclairer la Cour d'appel sur *les aberrations d'un jugement dont il avait presque honte pour le tribunal?*

L'avocat des anéroïdes, qui voyait que le jour commençait à se faire et que le ministère public et les juges arrivaient à étudier sévèrement ces autorités scientifiques, Me Senard avait dit de laisser là cette réponse; le travail du juge, si précis, si lucide, devait dominer de bien haut *la mission technique* de M. le professeur de l'École centrale.

Ce n'était plus le temps où on pouvait venir, sous l'autorité de la science, présenter à la justice un piston allant et venant dans un corps de pompe, ou des calottes superposées comme les hémisphères de Magdebourg, pour le vase barométrique à parois continues et flexibles.

Mais enfin ces procès semblaient à leur terme; il fallait n'y plus songer et se mettre à l'œuvre; il promit de le faire.

Pour cela, il fallait chasser complétement le souvenir de l'invention comme contestée, seul point de vue auquel il ait été donné de la considérer et d'écrire des volumes pendant des années.

Il fallait, à défaut de travaux faits, offrir au moins quelque programme, formuler des espérances. Pour cela, il fallait chercher dans les souvenirs du passé ce qui n'était alors que des aperçus de l'avenir. Même dans ce simple but, il fallait de certaines expériences, et il devait s'attendre à de nouveaux ennuis, quand il voudrait se remettre un peu au travail avec un brevet fini.

Le visiteur revint au bout de huit ou quinze jours, croyant trouver l'ouvrage fait. Il comprit sans doute quelque chose de ce qu'il en était, car on ne le revit plus.

L'auteur le comprend à son tour et porte à l'imprimerie cet opuscule tel qu'il est, pauvre de faits pour la science, diffus pour le public, mais qui présentera peut-être quelques notions utiles à ceux qui s'occuperont de la construction de ces instruments ou qui chercheront à en modifier les dispositions.

Une demande de pourvoi qu'on ne supposait pas avait été adressée à la chambre des requêtes. M. B..... prétend que la poursuite correctionnelle de 1851 n'avait eu lieu que par suite d'un *compromis;* qu'on ne pouvait donc pas, en 1858, remettre en question les brevets et l'invention.

Il a fallu, dans un nouveau mémoire, reprendre et discuter les faits judiciaires de ce procès depuis dix ans, montrer qu'on n'y a jamais vu ni indice ni vraisemblance d'un compromis, et surtout expliquer une circonstance, la plus futile du monde, par suite de laquelle M. B..... voudrait aujourd'hui faire mettre à néant ces longs et graves débats.

Lorsqu'en 1851 l'huissier eut à constater la contrefaçon, au lieu de se livrer à des perquisitions, il invita courtoisement M. B... à présenter lui-même les objets à décrire. « *Il nous a présenté,* dit le procès-verbal, DES MÉCANISMES, DES BOITES ET DES TUBES *destinés à en établir.* »

L'huissier pria alors M. B..... *d'assembler* les deux parties de l'appareil et d'installer le tout dans la boîte, pour la sécurité du dépôt au greffe : celui-ci le fit entre une première et une seconde séance.

Jamais un fait si insignifiant n'avait été objecté dans ces longs procès. En 1849 seulement, dans un appel presque sans espoir, M. B....., dénaturant la chose, dit, en passant, que le baromètre saisi à l'origine avait été construit par lui exprès pour soumettre la question à la justice.

On ne releva point cette assertion : il l'avançait uniquement pour sauver son honneur du fait perpétré de la contrefaçon et comme circonstance atténuante pour l'indemnité sur laquelle Me Senard avait déclaré qu'il ne plaiderait pas.

Il est évident que la Cour d'appel n'a admis dans son arrêt ce dire de M. B..... qu'avec la portée qu'il lui donnait et à laquelle on ne s'opposait pas.

Cependant, puisque la Cour suprême ne descend pas à l'examen des faits et que les débats ne doivent avoir lieu devant elle que sur des questions de droit d'un ordre supérieur, il est bon de songer au cas où elle viendrait à casser l'arrêt de la Cour de Paris, puisqu'elle ne le ferait qu'en renvoyant les parties à s'expliquer devant une autre Cour.

On en reviendrait alors à plaider au fond sur l'invention.

Il était à propos, pour le cas échéant, de revoir cette notice et, quand on se reprochait de ne pas assez porter ses regards en avant, de les ramener au contraire sur le passé ; de plaider encore le problème qu'on s'était proposé de résoudre, les difficultés qu'on a eues à vaincre; de montrer ce qui existait avant 1844 et ce qui existe depuis cette époque.

BAROMÈTRE DE TORRICELLI.

Vers 1640, comme on le sait, Galilée découvrit que c'est la pression de l'atmosphère qui fait monter l'eau dans les pompes, lorsqu'on y fait le vide.

Cette pression énergique qui s'exerce pareillement sur tous les corps était précieuse à étudier. C'est sa connaissance, en effet, qui a valu aux sciences modernes, en partie, leurs progrès; Pascal l'appliqua bientôt à la mesure des hauteurs, et l'expérience apprit à en tirer de précieuses conjectures météorologiques.

Ce fut Torricelli, disciple de Galilée, qui donna le moyen de mesurer cette pression et d'en voir les changements. Il remplaça le corps de pompe par un tube transparent : à la colonne d'eau qui devait être refoulée jusqu'à 32 pieds pour balancer la pression de l'air, il substitua un liquide beaucoup plus pesant, le mercure.

L'instrument, dans ces conditions, restait encore avec une hauteur de près de 3 pieds, et la fragilité surtout de ce tube de verre et son réservoir au bas, où il devait rester plongé, en rendaient le transport très-difficile. Torricelli d'ailleurs, en réduisant à près d'un quatorzième la hauteur de la colonne liquide, avait réduit d'autant l'étendue des oscillations; aussi les savants se préoccupèrent-ils, dès l'apparition du baromètre, de chercher à rendre cet instrument plus petit, plus transportable et plus sensible.

On pourrait écrire un long ouvrage très-curieux, mais sans utilité, sur toutes les tentatives qui ont été faites pendant deux siècles dans ce sens. Peclet, dans son traité de physique, a recueilli les plus remarquables :

« Les baromètres à large cuvette, dit-il, ceux de Gay-Lussac, » de Fortin et celui à cadran sont les seuls en usage. Mais » depuis la découverte de Torricelli, on a modifié les baro- » mètres d'une infinité de manières. Plusieurs présentent des » dispositions ingénieuses qui peuvent recevoir d'autres appli- » cations, et, d'ailleurs, il est utile de les faire connaître, afin » que ceux qui tenteraient de perfectionner le baromètre ne » retombassent pas dans des dispositions déjà proposées inu- » tilement. »

Il donne la description des baromètres d'Amontons, de Descartes, d'Huygens, de Hock, de Fahrenheit, de Dominique Cassini, de Daniel Bernouilli ; celle des baromètres inclinés, des baromètres à niveau fixe et de ceux à cuvette indépendante : tous à mercure.

BAROMÈTRE ANÉROÏDE.

Comme des milliers d'autres que leur humble talent a condamnés à l'oubli, M. Vidi s'était attaché à ce problème, mais avec plus d'opiniâtreté probablement que personne et plus de résolution dans les sacrifices à faire. Rebuté du peu de valeur de diverses combinaisons qu'il avait imaginées avec les liquides, il chercha de nouvelles voies (*a*).

Il se demanda si on ne pourrait pas juger les changements de pression de l'atmosphère par les mouvements que doit éprouver à sa surface tout corps élastique et impénétrable sous ces changements de pression : ce serait substituer à la pesanteur qui n'agit que verticalement, l'élasticité qui réagit indifféremment dans tous les sens. On pourrait alors remplacer les liquides par des solides et faire des baromètres parfaitement transportables.

Cette idée se trouve développée de la manière suivante dans son premier brevet du 19 avril 1844, avec les détours que suit inévitablement la pensée à la recherche de nouveaux moyens. Cet exposé a paru puéril lorsqu'on a pu, d'un même coup d'œil, embrasser le point de départ et le but. Mais enfin, c'est le titre primitif où on a si longtemps contesté l'existence de l'invention : c'est la pièce qu'a eue la justice à approfondir pour décider si les anéroïdes ont eu leur origine là, en 1844, ou bien, en 1758, dans les comptes rendus de l'Académie des sciences de Saint-Pétersbourg.

Premier brevet du 19 avril 1844.

« Le premier instrument qui a servi à démontrer la pression de l'atmosphère sera toujours le plus beau et le plus sûr moyen de la mesurer.

» Cependant les inconvénients que présente sa construction pour l'usage habituel, entre autres, sa hauteur et la difficulté de le transporter, ont beaucoup attiré l'attention des inventeurs.

» Trop préoccupés de l'idée de Torricelli, ils ne sont pas sortis de l'emploi des tubes et des liquides.

» On aurait pu songer que la matière étant compressible et parfaitement élastique, dans de certaines limites, tous les corps qui ne sont pas pénétrés par l'air se compriment ou se dilatent journellement sous ses tensions diverses : ce sont de vrais baromètres.

» *Les changements de volume* que les corps éprouvent de la sorte sont, il est vrai, si bornés, que tous les secours qu'on emprunterait à la mécanique pour les faire apprécier à la vue ne réussiraient pas dans la pratique, à moins qu'on ne donnât à l'instrument des dimensions si extravagantes qu'il serait ridicule d'en parler.

» Mais en examinant la résistance qu'une masse pleine, *de métal* par exemple, oppose à la pression qui s'exerce sur sa surface, on remarque d'abord que cette force est loin de mettre en jeu toute la course de l'élasticité du corps solide ; qu'on pourrait donc, en le dégageant intérieurement, le faire céder bien davantage sans cependant l'altérer.

» Substituons ainsi à une colonne pleine, d'un décimètre de diamètre, *un tube* semblable à l'extérieur, mais d'un demi-millimètre seulement d'épaisseur, solidement *fermé par les bouts* : la section du métal à comprimer étant cinquante fois moins grande, on obtiendra de l'appareil une marche cinquante fois plus étendue, ou l'on sera libre de réduire d'autant sa hauteur. Elle devrait encore excéder de beaucoup celle des plus hautes montagnes, si on voulait que son sommet fût susceptible d'osciller comme celui de la colonne de mercure.

» Dans l'impossibilité de dépasser les limites de l'élasticité, deux moyens se présentent pour rendre ses effets plus sensibles.

» 1° Nous avons jusqu'ici fait marcher la matière directement sous la pression ; nous avons *additionné* ses mouvements. On peut les *multiplier* en employant *une forme d'inégale résistance*, telle que celle d'une sphère creuse aplatie. Même en lui donnant des dimensions assez restreintes, quelques-unes de ses parties pourront se rapprocher d'une quantité très-notable, sans que néanmoins les molécules, dans leurs rapports vicinaux de cohésion, dépassent l'écartement au delà duquel surviendrait une déformation permanente.

» On obtient ainsi un premier effet de levier sans pièces détachées. »

Le brevet explique ensuite comment, avec des ressorts, on peut parvenir à un plus grand degré de flexion, et il ajoute :

« Arrivés à ce point, il nous est facile, à l'aide de vis ou d'engrenages, de transmettre les mouvements à une aiguille qui donnera des indications sur un cadran. »

Un deuxième brevet de 1845 résume ainsi l'invention :

« Le principe du *baromètre* et des *manomètres* consiste dans l'application d'un mécanisme multiplicateur et indicateur, à la *flexion des parois élastiques d'un vase clos, pressé en dedans ou en dehors,* ces parois résistant par leur propre élasticité ou par celle de ressorts acessoires, de gaz, de vapeurs ou de matières analogues renfermées à l'intérieur. »

L'instrument se compose ainsi de deux parties principales, *le vase barométrique* et *le mécanisme*.

LE VASE BAROMÉTRIQUE.

Suivant l'expression du brevet anglais, le vase barométrique est une sorte de coussin élastique soumis à la pression de l'atmosphère et en subissant les changements comme le mercure dans l'ancien baromètre : c'est le moteur, l'âme de l'instrument ; à ses extrémités ou à ses flancs se rattache le mécanisme qui en rend les oscillations plus sensibles à la vue.

Imperméabilité. — Une des principales conditions que ce vase doit remplir est l'imperméabilité. Il faut qu'il retienne exactement à sa surface l'atmosphère qu'il doit peser constamment. Il n'est pas nécessaire que le vide soit parfait en dedans, la résistance élastique pouvant se composer (sauf certains inconvénients) de celle du vase lui-même et de celle de l'air resté à l'intérieur ; mais une fois que le vase a été clos et que les indications du cadran ont été établies d'après l'état où l'appareil se trouvait alors, il ne faut pas que d'autre air puisse y pénétrer, sans quoi la résistance intérieure s'accroissant, la pression extérieure de l'atmosphère sur le vase semblerait diminuer.

Avant les anéroïdes, il était admis et prouvé d'ailleurs par l'expérience de l'ancien baromètre que le verre est impénétrable à l'air, mais, relativement aux métaux qui étaient éminemment la matière à employer, la science enseignait leur porosité, leur pénétrabilité, réduits surtout en lames minces et soumis à de fortes pressions (1). Le vase barométrique semblait donc impossible.

L'inventeur, sur de vagues pressentiments, espéra qu'il pourrait en être autrement, ou du moins il voulut le tenter jusqu'à preuve certaine du contraire. Dans ses premiers essais, il vit des vases laisser rentrer immédiatement l'air qu'on venait d'en retirer, d'autres, avec une certaine lenteur ; quelques-uns semblaient conserver le vide. Il fallait en conclure que la rentrée de l'air ne provenait point d'une porosité générale existant dans toute l'étendue de la feuille de métal, mais qu'il fallait l'attribuer à des défauts accidentels, à quelques solutions de continuité. Et cependant il lui arriva plus d'une fois, par l'effet de certaines circonstances, après une réussite qui semblait certaine, de ne pouvoir de nouveau tenir le vide et de rester là, pris de tristes découragements.

De longues années ont prouvé maintenant la possibilité de maintenir le vide dans des vases barométriques très-minces, mais il s'en trouve toujours qui ne le conservent pas. Parmi ceux-ci, il en est qui le perdent avec tant de lenteur, qu'on ne peut le juger qu'en observant la marche de l'instrument comparativement à celle d'un baromètre dont on est sûr. La pression de l'air en se rétablissant graduellement à l'intérieur rendra les indications de plus en plus faibles relativement à ce qu'elles devraient être.

Ces observations, pour offrir quelque sécurité, ne doivent pas

---

(1) Voir les *Éléments de physique expérimentale* de M. Pouillet, 3e édition de 1837, et les autres traités de physique avant 1844.

Le même, 7e édition de 1856 :

Page 23 : « Les métaux eux-mêmes donnent des preuves sensibles e porosité... »

Page 24 : « Un grand nombre de corps sont assez poreux pour se laisser pénétrer par les fluides dès qu'ils sont en contact avec eux : il y en a d'autres qui ne se laissent pénétrer qu'après un temps plus ou moins long et sous une pression plus ou moins forte..... Il est très-heureux pour nos expériences de physique que le verre soit absolument imperméable à tous les fluides. »

seulement être faites en un certain nombre, mais surtout avec des délais suffisants. Supposons en effet une rentrée d'air capable de faire rétrograder l'aiguille d'un cinquantième de millimètre par jour; ce n'est pas au milieu de diverses causes et dans des observations ordinaires qu'on le remarquera bien positivement en quelques jours. L'anéroïde aura paru suivre d'une manière satisfaisante le mercure dans toutes ses oscillations, et cependant un pareil instrument serait si défectueux, qu'au bout de dix ans il n'atteindrait pas le minimum de la pression ordinaire d'un lieu quand celle-ci serait à son maximum. Mais au bout d'un mois, il aurait déjà accusé une erreur de plus d'un demi-millimètre, et par conséquent très-notable.

Pour trouver les fuites, on peut, suivant le moyen le plus usité en pareil cas, refouler de l'air à l'intérieur du vase, en ayant soin de le plonger dans l'eau pour voir par quel endroit l'air sort. Mais dans bien des cas, ce n'est qu'avec beaucoup de temps qu'il peut se créer une bulle sur quelque point de la surface.

Dans l'origine, on se livrait à ces recherches avec les soins les plus minutieux, mais comme étude. Dans la pratique il est plus simple de faire repasser les soudures et, après l'avoir fait une ou deux fois sans succès, de mettre le vase au rebut.

Un calcul fort simple montrera quelle peut être la ténuité des filets d'air qui pénètrent dans ces sortes de clepsydres.

On a parlé plus haut d'un baromètre où, par suite d'une rentrée d'air, l'aiguille aurait rétrogradé d'un cinquantième de millimètre en un jour. Supposons un défaut cinquante fois plus grand, et, ainsi, qu'il se soit établi une pression intérieure équivalente à un millimètre de mercure. Il faudra, pour cela, qu'il soit rentré dans le vase $\frac{1}{760}$ de la quantité d'air qu'il pourrait contenir. Si sa capacité est de 50 centimètres cubes, cet air intérieur ne représenterait sous la pression ordinaire que 65 millimètres cubes. En admettant même que l'air ne se précipite dans le vide qu'avec une vitesse de 300 mètres par seconde, on trouvera que ce volume, pour avoir mis vingt-quatre heures à passer, a dû rencontrer un orifice ayant à peu près *la quatre cent millionnième partie d'un millimètre carré*.

Pour l'exactitude du calcul il faudrait, il est vrai, appliquer à l'écoulement un coefficient de réduction; mais ceux qui ont été confirmés par l'expérience sont trop loin de conditions pareilles.

Pour faire le vide, on met le vase en communication avec la machine pneumatique au moyen d'un tube étroit et très-malléable. Après avoir suffisamment pompé, on écrase fortement le tube pour boucher le canal ; on le coupe, et, pour plus de sûreté, on en garnit le bout avec de la soudure. On peut aussi mettre l'instrument sous une cloche, et, après avoir fait le vide, fermer le passage avec un fer à souder que l'on manœuvre du dehors à travers une boîte à garniture. On peut employer aussi l'électricité et quelques autres moyens.

Une précaution utile à prendre est de chauffer fortement le vase quand on y fait le vide, afin d'être sûr qu'il n'y reste pas d'humidité, ce qui donnerait à l'instrument une marche très-anormale.

Élasticité. — Une deuxième condition essentielle à exiger du vase barométrique est une élasticité parfaite. Il faut qu'après avoir cédé sous la pression d'une certaine quantité, il ne cède pas davantage que sous une pression plus grande, et, quand celle-ci viendra à diminuer, il faudra que le vase revienne pour chaque diminution aux points où il était précédemment. Le moindre affaiblissement dans sa résistance produirait dans les indications données au bout de l'aiguille des aberrations inadmissibles.

Cette élasticité parfaite n'était guère moins contestée aux métaux que leur imperméabilité.

Maintenant que les anéroïdes ont pu supporter sans faiblir sur leurs minces parois une pression équivalente à celle de la colonne d'eau de 32 pieds, et présenter après des années leur aiguille aux mêmes points pour les mêmes tensions de l'atmosphère, l'élasticité parfaite ne laisse plus de doute. Il ne reste plus qu'à en étudier le meilleur emploi.

Épaisseur. — Il est clair que plus on diminuera l'épaisseur du diaphragme qu'on oppose à l'atmosphère, plus celle-ci devra, pour arriver à l'équilibre, y déterminer de mouvement; mais il faudra évidemment s'arrêter dans cette voie à de certaines limites qu'on ne saurait dépasser sans désagréger la matière.

Forme. — Il n'est pas moins évident qu'il faudra présenter cette feuille à l'atmosphère dans des conditions de résistance semblables, et par conséquent avec la forme sphérique, si l'on veut développer toute l'élasticité du métal employé. Mais alors, pour utiliser tout l'effet produit, il faudrait qu'on pût le recueillir sur chaque point de la surface. La mécanique d'ailleurs réussit mal à appliquer des mouvements énergiques et courts.

Si de la forme de la sphère, qui présente la résistance égale dans toute son étendue, on passe à celle du cylindre, qui l'offre aussi sous certains rapports, on rencontre à peu près les mêmes avantages et les mêmes inconvénients.

Mais qu'on déforme la sphère, qu'on plisse, qu'on aplatisse, que l'on courbe le cylindre, on aura détruit la résistance égale de la feuille, elle cédera plus dans de certaines parties que dans d'autres, il y aura flexion, effet de levier, multiplication du mouvement. La puissance développée sera moindre il est vrai, relativement à la quantité du métal employé (ce qui n'est qu'une considération futile), mais cette puissance sera plus applicable, comme se résumant mieux en un point donné et avec plus d'étendue.

Le nombre des formes d'inégale résistance est infini. Le brevet en a indiqué deux.

La première, très-connue, est une sorte de sphère aplatie. La pression de l'atmosphère fait fléchir et rapprocher les deux parois opposées. Si elles étaient planes et ainsi se tendant sous la pression, elles céderaient peu; mais elles sont munies de cannelures qui en s'ouvrant ou se refermant d'une quantité presque insensible, facilitent l'extension et accroissent considérablement le mouvement du centre.

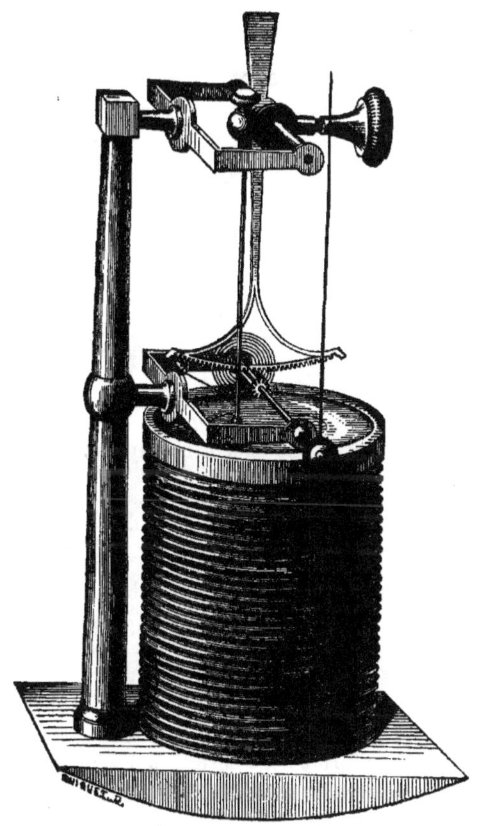

Figure 1. — (*Grandeur d'exécution*).

La seconde forme, fig. 1, est celle d'un tube fermé par les

bouts et plissé circulairement. Chaque pli fléchit sous l'effort de la pression; ces plis s'asseoient ainsi l'un sur l'autre, et suivant que la pression augmente ou diminue, les deux extrémités du tube se rapprochent ou s'éloignent.

En 1848, un ingénieur prussien, nommé Schinz, a imaginé une autre forme, et l'a aussitôt appliquée aux manomètres sur les chemins de fer. C'est un tube très-mince en métal, fermé par les bouts de même que le précédent; mais, au lieu d'être plissé, il est aplati et courbé; les deux extrémités se rapprochent ou s'éloignent selon la pression, comme dans le tube plissé.

Au mois de juin 1849, un mécanicien de Paris prit un brevet en France pour cette nouvelle forme imaginée par Schinz. « Le » nouveau système de manomètre pour lequel je désire un » brevet, disait son mémoire, est essentiellement différent de » tout ce qui a été proposé et mis à exécution jusqu'ici... . » C'était *une nouvelle loi de physique* qu'il avait découverte par hasard en réparant des tuyaux de plomb. Il donna immédiatement un très-grand développement à l'exploitation de ces manomètres.

En 1851, enhardi par le succès, il voulut passer aux baromètres; c'était la partie la moins lucrative et la plus difficile de l'invention, mais celle qui avait été le principal objet des préoccupations de l'inventeur. Alors s'engagea une première discussion.

Conformément à des ouvrages très-sérieux qui ne craignirent pas à cette époque de refaire au profit de M. B..... l'histoire de la physique, conformément surtout à l'opinion des savants français qui venaient d'être envoyés à l'Exposition de Londres, le tribunal déclara que M. B..... avait fait *une découverte aussi ingénieuse qu'utile*. L'inventeur fut condamné à une indemnité, aux frais et dépens, et à 2,600 francs d'insertions dans les journaux. M. B...., put ainsi continuer pendant de longues années à usurper l'honneur et le prix de l'invention.

En 1858, l'auteur a pu provoquer un nouvel examen dans des conditions moins défavorables, et un jugement, qui a été confirmé par arrêt, en décembre 1859, lui a rendu l'honneur de son invention.

Les conséquences de la première décision devaient rester acquises à celui qui avait été, sans succès, poursuivi comme contrefacteur. Une somme de 10,000 francs a pu seulement être allouée à l'inventeur. Elle ne l'indemnisait même pas, il est vrai, des condamnations indûment subies et des frais de ces longs procès, mais elle lui a été adjugée comme consécration de ses droits violés.

C'est, sans doute, en considérant à regret cette indemnité comme telle et non pas à raison de la somme, que M. B....., millionnaire aujourd'hui, poursuit le débat.

M. Schinz, qui n'avait aucun intérêt à attribuer quelque chose d'inconnu, de mystérieux aux fonctions du tube courbé, en avait expliqué le principe dans les journaux, avant le brevet de M. B......, de la même manière que la description de 1844 et avec plus de précision : « Les parois de tous les vases, disait-il, » si ce ne sont pas des surfaces cylindriques ou sphériques, » changent leurs formes lorsqu'elles subissent une pression in- » térieure. Pour utiliser ces changements de forme, il fallait » amener une disposition qui produisît des mouvements consi- » dérables sans avoir trop recours à l'élasticité du métal em- » ployé. L'inventeur *choisit* à cet effet un tube courbé en spi- » rale ou en hélice, etc. »

Si l'on compare les deux formes de tube sous le rapport des résultats, on trouvera que le tube plissé donne un mouvement plus intense et le tube courbé un mouvement plus étendu, sans toutefois que cela dispense d'appliquer à l'un comme à l'autre un râteau et un pignon pour faire mouvoir l'axe de l'aiguille.

Le tube courbé doit, en grande partie, l'étendue de son mouvement à cette circonstance que les instruments se plaçant dans des boîtes rondes, on peut employer une longueur de tube presque égale au contour de la boîte. Mais cette longueur a l'inconvénient de présenter une certaine masse de métal suspendue à un bras très-flexible, où de légères secousses peuvent déterminer des oscillations.

Le tube plissé (si on le laisse droit) a le malheur de comporter à peine la longueur du diamètre de la boîte, et, encore, on est gêné par l'axe de l'aiguille qui se trouve au milieu et au-dessus. Si alors on ne veut pas donner à l'instrument une épaisseur désagréable, il faut réduire la longueur du tube de moitié.

Mais si, au lieu d'établir les tubes parallèlement au fond de la boîte, on veut les placer verticalement, le tube plissé est seul possible et on peut alors lui donner un diamètre presque égal à celui de la boîte : son exécution en devient beaucoup plus facile, sa flexion plus libre, et il est aisé d'obtenir une grande puissance motrice.

L'inventeur s'était beaucoup occupé de cette dernière disposition, et il avait divers projets à ce sujet, lorsqu'à l'apparition du tube de Schinz, il s'aperçut de quelques circonstances fâcheuses pour les jugements qu'on émettait à propos de cette nouvelle forme.

Comme on voit rarement apparaître une invention complétement nouvelle, et que les brevets, pour la plupart, ne portent que sur des modifications secondaires, on a l'habitude, pour apprécier celles-ci, de rapprocher les objets et d'en examiner la différence. Non-seulement, ici, on se plaçait de la sorte à un point de vue trop restreint, mais on semblait en outre parler des anéroïdes sans en avoir vu les brevets.

On ne connaissait l'invention que sous la forme d'une boîte plate et cannelée, avec un ressort, une chaîne et une poulie. M. B... mettait en regard un tube avec un râteau : l'aspect était très-disparate. De plus, la diversité des métaux, celle des couleurs et l'arrangement des pièces présentaient une certaine apparence de complication dans le premier instrument. On trouvait, au contraire, une grande simplicité dans le second, quoiqu'en bonne analyse il faille à peu près les mêmes organes dans les uns comme dans les autres pour obtenir les mêmes résultats.

Il était donc important, pour combattre ce préjugé, de répandre dans le public des baromètres construits, le brevet à la main, de la manière représentée figure 1. Comment voir, dans ce cas, autre chose qu'une différence apportée à la forme d'un tube ?

De nombreuses tentatives furent faites dans ce sens ; mais, avec les dimensions dans lesquelles on tenait à se renfermer, il était trop difficile surtout de se procurer des tubes sans soudure ; réguliers, minces et sans fuites. On ne parvenait à faire d'une manière satisfaisante que des baromètres propres à la mesure de très-grandes hauteurs.

Il fallait d'ailleurs, toujours à raison du procès, s'imposer une mauvaise condition, la suppression des ressorts, puisque c'était là un des principaux moyens sur lesquels on fondait et la différence et la supériorité des baromètres dits métalliques. Sur le premier point, l'inventeur répondait en vain par le texte de son brevet qui spécifiait positivement le vase barométrique avec ou sans ressorts. Quant à la supériorité, il répondait, sans plus de succès : Si M. B... n'emploie pas de ressorts, il a tort. Et, en effet, M. B... en vient, dit-on, à l'emploi des ressorts.

Ressorts accessoires. — On a supposé que la partie du vase sur laquelle on considère l'action de l'atmosphère avait une épaisseur égale dans toute son étendue, comme il convient avec une forme d'égale résistance. Avec une forme d'inégale résistance, la théorie mécanique conseillerait des épaisseurs inégales ; mais on a déjà trop de peine à obtenir des métaux laminés à un degré d'écroui requis et à une épaisseur demandée à quelques centièmes de millimètres près.

On a aussi supposé des parois élastiques assez résistantes pour supporter par elles-mêmes la pression : le brevet propose de les faire seconder en un ou plusieurs points par des ressorts accessoires.

Comme on n'est pas gêné dans la construction d'un simple ressort, ainsi qu'on peut l'être quand il faut en même temps l'astreindre à la forme d'une enveloppe, il est facile de donner à ces ressorts une très-grande élasticité et même des élasticités différentes et graduées, selon la flexion dont le diaphragme est susceptible depuis sa circonférence jusqu'au centre.

Il est à remarquer qu'outre l'amincissement du vase, on peut avec des ressorts obtenir une double flexion. Si, en effet, un tube plissé, par exemple, est susceptible d'être comprimé, sans altération, de 4 millimètres, il pourra tout aussi bien être déprimé, tiré en sens contraire, de 4 millimètres également, et être présenté ainsi à l'atmosphère avec une élasticité de 8 millimètres. On peut même, en faisant réagir les ressorts au delà de l'élasticité du vase, établir les choses de manière que le vase ne commence à descendre que sous une certaine pression et affecter ainsi à peu près toute sa course élastique aux oscillations ordinaires.

Baromètres à gaz. — Les anéroïdes avaient été imaginés avec la conviction que l'élasticité des métaux était parfaite dans de certaines limites. Le résultat des premiers essais avait semblé démontrer qu'il en était ainsi, quand, au bout de quelque temps, il arriva que des instruments commencèrent à céder sous la pression.

Vers cette époque, un savant avait présenté à l'Académie le résultat de longues et nombreuses expériences, desquelles il fallait conclure que la matière devait toujours céder, quelque faible que fût la pression. Si l'on avait cru jusqu'alors le contraire, c'était parce que les expériences n'avaient pas été suivies assez longtemps ou avec assez de délicatesse. Une commission avait été nommée pour examiner ce travail, et l'Académie, conformément à son rapport, avait sanctionné ces graves conclusions (1). L'invention des anéroïdes croulait par sa base.

Un moment découragé, l'inventeur songea bientôt à étudier comment l'élasticité céderait sous la pression dans des conditions diverses, pour voir si l'on ne pourrait pas trouver entre des défauts différents un moyen de rectifier les indications; mais c'étaient bien des essais à entreprendre et des études d'une application fort aventureuse.

L'élasticité parfaite des gaz n'ayant jamais été mise en doute, il semblait préférable d'y avoir recours en établissant des vases clos avec une atmosphère intérieure qui se comprimerait ou se déprimerait sous les changements de la pression extérieure. Les parois, dans ce cas, se trouvant pressées à peu près également en dedans et en dehors pourraient être assez minces pour qu'il fût permis de négliger l'élasticité métallique du vase et ses inconvénients; d'autant plus qu'on pouvait mettre la paroi, flottante pour ainsi dire à la pression moyenne, entre les deux atmosphères; malheureusement de nombreuses difficultés se présentaient.

---

(1) Voir les comptes rendus de l'Académie des sciences, année 1844.

Page 923. — Il s'agissait de résoudre les questions suivantes, qui étaient restées parfaitement indécises jusque-là.... 5° Y a-t-il une vraie limite d'élasticité parfaite, et quelle est sa grandeur pour les différents métaux?...

Page 927. — L'auteur arrive aux conclusions suivantes. . . . .

Page 928. — 8° **Il n'existe pas de vraie limite d'élasticité.** Si l'on n'observe pas de prolongement permanent pour les premières charges, c'est qu'on ne les a pas laissé agir pendant assez de temps, ou que les verges soumises à l'expérience sont trop courtes relativement au degré d'exactitude de l'instrument qui sert aux mesures. . . . .

Page 932. — Les conclusions de ce rapport sont adoptées. . . . .

On sait combien est grande la dilatation des gaz. Des changements de chaleur qu'on peut éprouver dans un même lieu étaient capables de déranger l'aiguille d'un tour entier. On y remédiait assez aisément en attachant le mécanisme au bout d'une lame compensatrice du genre de celles qu'on emploie dans l'horlogerie, composée d'une lame de cuivre et d'une lame d'acier. Le cuivre, en s'allongeant par la chaleur plus que l'acier, faisait courber la lame qui était établie de manière à soulever ainsi le mécanisme de la même quantité que la dilatation faisait soulever le dessus du vase barométrique. Ce mécanisme restait ainsi insensible aux mouvements du vase qui provenaient de la chaleur, et il n'obéissait qu'aux mouvements qui résultaient des changements de pression, les seuls qu'il devait indiquer. On arrivait ainsi à faire des instruments qui, plongés dans de l'eau à 50 degrés de différence, conservaient l'aiguille exactement au même point.

Mais il restait un deuxième défaut plus embarrassant que le premier. La chaleur, en accroissant le volume du gaz, accroissait d'autant sa course élastique. Il en résultait que des divisions qui auraient été tracées expérimentalement d'après la marche de l'aiguille à 0 degrés, par exemple, auraient été d'un dixième environ trop petites à 25 degrés.

Pour parer à cela, l'inventeur imagina de former avec une autre lame bimétallique, courbée en fer à cheval, le bras de levier qui recevait l'action du vase. Lorsque le gaz, en se dilatant, rendait les oscillations plus larges, la lame s'ouvrait, et son extrémité étant plus éloignée du centre, pouvait décrire des arcs plus étendus, sans que les angles d'oscillation et par conséquent les mouvements de l'aiguille cessassent d'être les mêmes.

On voit, figure 2, un de ces baromètres avec le vase à tube

plissé et, au-dessus, le mécanisme suspendu au bout du compensateur principal.

Figure 2.

La figure 3 représente séparément le balancier. C'est un châssis oscillant sur deux pivots et dont une branche coudée fait tourner l'axe de l'aiguille au moyen d'un petit cylindre fileté. A ce même châssis est fixé le deuxième compensateur par l'un de ses bouts. L'autre bout, restant libre, porte une vis dont la tête, en forme de lentille, est mise en mouvement par le vase. C'est la distance de cette lentille à une ligne passant par les centres d'oscillation qui constitue le petit bras de levier. On en déterminait la longueur en tournant ou détournant la vis; mais, après cela, c'était au compensateur à faire de lui-même varier la distance suivant le besoin.

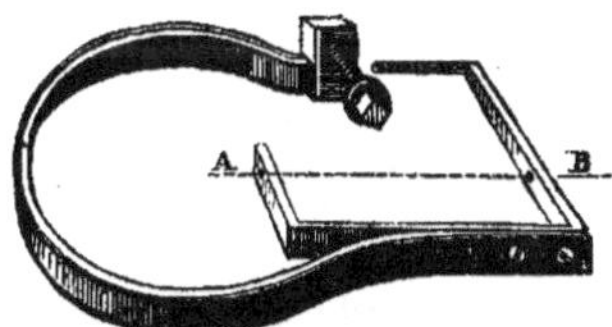

Figure 3.

Les gaz nécessitaient une autre considération, ne se comprimant point comme les métaux de quantités égales pour des pressions égales. Si l'on voulait avoir des divisions uniformes sur le cadran, il fallait, au moyen de courbes, ou en faisant agir un levier sous un certain angle, corriger l'irrégularité de la marche du vase par une irrégularité contraire dans la marche du mécanisme. Il fallait en cela suivre la loi de Mariotte, et encore cette célèbre théorie vint-elle, sur ces entrefaites, à être taxée d'anomalie par les travaux d'un membre de l'Académie des sciences.

Les soins que nécessitait la construction de pareils instruments auraient dû arrêter l'inventeur dans ses recherches ; mais il avait toujours eu pour principe qu'il fallait arriver à un résultat, à quelque prix que ce fût, et que si ce résultat était utile, l'industrie arriverait plus tard à le mettre à la portée du public. Mais les difficultés ne se bornaient pas là.

Il vit des vases céder encore sous la pression, sans qu'il pût en accuser l'élasticité métallique qui n'était plus que très-faiblement en jeu. D'ailleurs, à un certain degré de pression atmosphérique, le diaphragme se trouvait dans son état naturel, et, dans le cas d'expansion, si la résistance de ce diaphragme était venue à diminuer, il en serait résulté un effet contraire à l'affaissement qui avait lieu.

C'était l'oxygène de l'air qui, en se combinant avec le métal, diminuait le volume et la résistance de l'atmosphère intérieure.

La première question fut de se demander s'il ne suffirait pas de revêtir le vase, à l'intérieur, d'or ou d'argent ou d'autre matière peu oxydable.

Il était plus simple d'y introduire un volume d'air dans une proportion plus grande que celle qui était requise pour la meilleure disposition de l'appareil, et d'en absorber l'oxygène au moyen du potassium ou du phosphore ; mais sur ce point et sur d'autres, les notions de la chimie étaient si loin d'être nettes que de nouveaux travaux très-importants furent soumis, vers cette époque, à l'Académie des sciences, sur les combinaisons du phosphore. Au lieu de se lancer dans des essais chimiques, qui auraient écarté les recherches si loin du but, il valait mieux introduire de certains gaz et étudier, à ce point de vue spécial, les meilleurs moyens pratiques de les produire, de les transvaser et de les purger des moindres traces de vapeurs aqueuses.

Dans ces diverses tentatives, c'était toujours une question préalable et capitale que de s'assurer de l'imperméabilité du vase, où on devait redouter d'autant plus les chances de fuites, qu'il était plus mince. Ceci était fort embarrassant.

Dans un vase où existe le vide, l'air pénètre, s'il trouve quelque orifice, avec une très-grande rapidité et constamment. Dans le vase barométrique à gaz, l'enveloppe retenait la tension tantôt dans un sens tantôt dans l'autre; l'air pouvait donc passer du dedans au dehors ou du dehors au dedans, et y passer avec plus ou moins de rapidité suivant la tension, et en plus ou moins grande quantité suivant que l'enveloppe aurait maintenu la tension plus ou moins longtemps et à tel ou tel degré dans un sens ou dans l'autre.

Toutes ces causes et d'autres, qu'il n'y aurait aucune utilité à exposer ici, entraînaient dans des essais où les observations demandaient à être de plus en plus longues, en même temps que les appréciations devenaient plus douteuses et le succès plus chimérique.

L'élasticité métallique, quoique d'une importance très-secondaire dans ces nouveaux instruments, méritait cependant encore une certaine considération. L'inventeur, d'ailleurs, n'en avait jamais complétement désespéré. Dans ses premiers essais, il avait vu des instruments soutenir assez bien la pression. Il lui avait fallu, entre autres conjectures, expliquer cette réussite passagère par des rentrées d'air qui avaient compensé l'affaiblissement des ressorts; mais ces explications ne paraissaient point nettes. En cherchant de nouveau comment il avait pu échouer après ses premiers succès, il fit quelques études qui l'engagèrent à revenir à son premier moyen de l'élasticité métallique, et ce fut cette fois avec un succès complet.

Quoique ce système de baromètre à gaz semble devoir rester abandonné, il n'a pas paru inutile de présenter les considérations qui précèdent. *Les personnes qui pourront y trouver quelque intérêt sont en très-petit nombre, sans doute; mais c'est pour elles qu'est faite cette notice.* Ces explications font, par exemple, concevoir exactement ce qu'il en serait d'un vase barométrique où l'air serait rentré, ou bien dans lequel on n'aurait pas fait le vide, et comment un pareil instrument pourrait tantôt marcher très-bien et tantôt marcher très-mal.

On peut, au reste, fort bien se servir de baromètres à gaz pour des observations très-courtes. En les munissant d'un robinet qui resterait habituellement ouvert et que l'on fermerait au moment même où l'on voudrait observer un changement de pression, on n'aurait pas à s'inquiéter de défauts qui, dans un instrument permanent, pourraient être fort graves. On aurait soin préalablement, en y comprimant de l'air, de s'assurer qu'il n'y a pas de fuite importante.

On représentera ici, figure 4, un appareil retrouvé parmi de vieilles choses, et qui avait été entrepris à une époque où l'on avait songé à s'occuper d'études sur les oscillations de l'air dans de certains cas.

Le vase était un tube plissé. Au moyen d'un balancier, d'une chaîne et d'une poulie il faisait mouvoir l'axe d'une aiguille à droite et à gauche d'un point O placé au milieu d'un cadran. Sur cet axe il y avait deux autres aiguilles susceptibles d'y tourner librement. Leurs centres de gravité reportés en dehors de la ligne droite tendaient à les ramener chacune de leur côté contre une goupille d'arrêt dont l'aiguille principale était armée et avec laquelle, dans ses oscillations, elle écartait les index. Ceux-ci devaient être retenus, au point où ils auraient été conduits, par deux tringles dont le poids servait de frein lorsqu'il reposait sur le canon de ces index. La pointe du robinet portait un excentrique disposé de manière que, lorsqu'au moment d'opérer on fermait le robinet, les freins abandonnés à eux-mêmes entraient en fonction. Lorsque, après une observation faite, on rouvrait le robinet, l'excentrique soulevait les freins, et les aiguilles, rendues à la liberté, revenaient à leur point de départ.

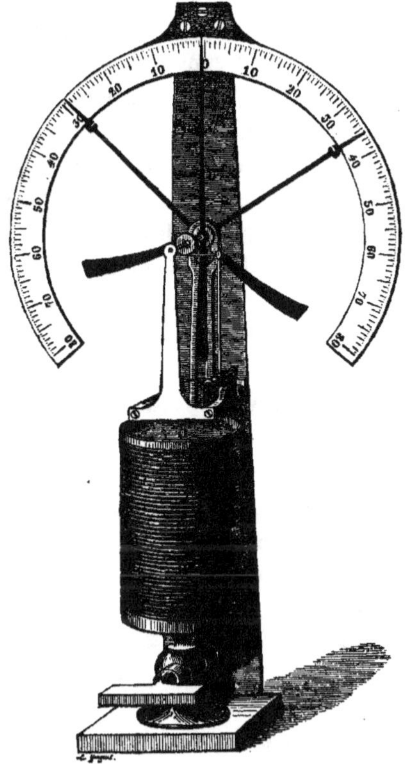

Figure 4.

La dilatation. — Ce qui précède au sujet de la chaleur se rattache à l'une des objections que l'on avait opposées à la réussite de l'invention. Mᵉ Senard, dans une de ses admirables plaidoiries en faveur des anéroïdes, la reproduisait ainsi :

« . . . Troisième objection enfin : les métaux varient tous avec la température. Qu'elle s'élève ou qu'elle s'abaisse, il s'ensuit fatalement, dans leur volume, une dilatation ou un retrait. Voilà une belle règle pour des variations aussi légères que celles qu'il s'agit de recueillir, que la règle fausse et frauduleuse que vous nous proposez ! Ne voyez-vous pas que vos observations sur la pesanteur de la colonne atmosphérique vont être à chaque instant troublées par les variations de la température ? »

L'inventeur s'en était vivement préoccupé ; mais avec un peu de calcul et avec des expériences fort simples, il reconnut bientôt que la dilatation ou l'allongement des pièces produit par la chaleur était une chose insignifiante, et qu'un résultat de quelque importance ne pouvait provenir que de l'affaiblissement qu'éprouvent les métaux dans leur résistance avec l'élévation de la température.

Quoi qu'il en soit, le brevet proposait l'application d'une lame compensatrice pour soustraire le mécanisme à l'action de la chaleur, comme il est expliqué plus haut.

Il a été construit de la sorte, dans les essais, deux cents instruments environ de ce genre qu'on réglait assez bien en faisant avancer ou reculer expérimentalement un support mobile dans lequel était pincée la lame dont on laissait ainsi libre une longueur plus ou moins grande.

Le brevet indiquait un autre moyen plus simple : c'était de conserver à l'intérieur du vase une certaine quantité d'air dans une proportion suffisante pour compenser par sa dilatation l'affaiblissement du métal.

Plus tard on a jugé à propos, pour diverses causes, de renoncer à ce prétendu degré de perfection d'une compensation parfaite d'autant moins nécessaire que, par une singulière coïncidence, les instruments tels qu'on les construit maintenant varient en moyenne à peu près comme le baromètre à mercure avec lequel on ne s'arrête pas, pour l'usage ordinaire, à faire des calculs de réduction à chaque observation.

Si l'on tenait à une précision plus grande, on ne pourrait pas la demander au calcul ; mais rien n'est plus facile que de soumettre l'anéroïde dont on se sert à quelques températures différentes et d'établir la marche que doivent suivre les variations. Mais il ne faudrait pas, d'après cela, prétendre à créer des tables ou des formules générales pour les anéroïdes. Ce serait un hasard si dans deux instruments de ce genre les causes déterminantes se trouvaient exactement les mêmes, comme elles le sont si nettement avec la colonne de mercure.

On sera étonné peut-être du nombre des baromètres à compensateurs restés dans les essais. Puisqu'il faut se tenir prêt, au besoin, à plaider encore, ce serait ici le lieu de faire remarquer qu'après le principe de l'invention posé, tout restait à créer, à déterminer pour sa réalisation : la matière, les formes, les dimensions, et jusqu'aux procédés de fabrication. Sur toutes ces questions, avec toute la théorie possible, il n'y avait à s'éclairer sûrement que par l'expérience.

Des circonstances particulières rendaient ces essais plus embarrassants que d'autres.

Dans la plupart des cas, un appareil, une fois construit, peut être immédiatement jugé dans ses résultats; mais, pour l'anéroïde, où il s'agissait de savoir si sa marche pendant de longues années ne s'écarterait pas trop de celle du mercure, il ne restait, après l'œuvre achevée, qu'à l'observer plus ou moins longuement. On aurait pu, au moins, par des jours ou des semaines préjuger l'effet des mois ou des années, si les déviations avaient suivi des progressions certaines ; mais, parmi les causes, il en est de persistantes et il en est qui diminuent avec le temps ;

puis les unes et les autres peuvent être modifiées par l'état de la pression, par celui de la température et par d'autres circonstances. Des causes diverses peuvent entre elles se combiner ou se combattre.

Ainsi, l'affaiblissement de la résistance, qui tend généralement à faire avancer l'aiguille, s'il s'opère dans de certaines parties, peut, au contraire, donner lieu à supposer une rentrée d'air.

Il faut bien aussi ajouter aux difficultés inhérentes à la question, une ignorance complète, à l'origine, des moyens d'exécution et l'absence d'un atelier spécial. Que de chances devaient présenter alors de pareilles expériences, quand, par exemple, avant le brevet, on faisait faire un vase chez un ferblantier et qu'ensuite, comme le rappelait récemment un opticien, jeune homme alors, on allait dans un magasin faire faire le vide en enveloppant ce vase de manière à faire croire à des expériences de chimie !

Aujourd'hui encore, l'observation de ces instruments, approfondie au delà des besoins de l'exécution, donnerait lieu à des études sans fin. Qu'était-ce donc lorsqu'il fallait, suivant l'expression de M. l'avocat général baron de Gaujal, *nier* la porosité indéfinie et l'affaiblissement de la résistance métallique sans limites *qu'affirmait* la science, et persister à croire sur ce point à des principes généraux à travers des circonstances accidentelles, mais insaisissables, qui, dans plusieurs appareils, démontraient le contraire. Ce n'était donc qu'en *multipliant* les essais et en *prolongeant* l'examen qu'on pouvait en dégager quelque certitude.

Si des experts sont nommés, dans un magasin spécial où l'on conservera jusqu'à la fin des débats ce qui reste de ces essais, ils verront, entre autres choses, dans des mannes, des milliers de ressorts au rebut; ils verront sur une des tablettes, quatre cents baromètres laissés là, et des fournitures préparées pour quatre cents autres. C'était pourtant à une époque où l'invention était en pleine exécution. L'idée était venue d'apporter quelques changements au modèle qui avait cours. Le premier cent marcha parfaitement : le registre des observations existe encore. Au bout d'un mois, ces baromètres commencèrent à dévier. On se douta par la suite d'où cela pouvait provenir; mais cette affaire était déjà perdue de vue comme un mauvais pas. On montrera, à côté, bien d'autres modèles tentés ou entrepris, quoique sur une moins grande échelle, puis abandonnés pour en recommencer d'autres.

« A entendre l'adversaire, disait Me Senard à la Cour, il n'y » avait qu'à se baisser pour ramasser l'invention. »

Mais qui donc en voulut, quand, pour réparer un avoir gravement compromis dans ces recherches, on l'eut fait breveter, et que pendant plus de deux ans on fit tant de voyages en Angleterre, où il y avait plus de chance qu'en France d'en céder l'exploitation ?

On apportait des appareils aussi passables qu'on avait pu les faire faire pour prouver la réalité de l'invention ; mais il fallait des instruments achevés, tels qu'ils devaient être livrés au public, et par conséquent établis dans de certaines conditions, puis dans d'autres. Mais cela ne suffisait pas encore.

Ceux qui, étrangers à l'industrie, ont entrepris des expériences sauront ce que devaient coûter ces modèles pour lesquels il fallait, de divers côtés, s'adresser à des ferblantiers, à des tourneurs, à des horlogers, à des opticiens, à des fabricants de ressorts. Il restait donc à savoir si ces instruments pourraient se fabriquer couramment et à des prix admissibles.

L'inventeur en commande un cent, en les payant d'avance, à l'un des premiers fabricants d'horlogerie de Paris. Celui-ci les fit sans doute de son mieux, mais ils n'étaient pas acceptables. Le tribunal de commerce nomme un expert ; et comme il n'avait jamais existé d'autres constructeurs de baromètres que les souffleurs de verre, le tribunal nomme un souffleur de verre. L'inventeur, condamné à prendre livraison, se défend jusqu'en cassation : il est obligé de subir auprès de la justice comme auprès de l'industrie les conséquences de la nouveauté radicale de l'invention. Ces instruments sont encore là dans une caisse avec une perte qui, jointe aux frais, a monté à plus de 5,000 francs (*b*).

Désespérant d'une fabrication qu'il ne serait pas maître de diriger à son gré, il prend un local, des ouvriers horlogers, des ferblantiers, étudie le travail, imagine des moyens d'accélérer la main-d'œuvre : il est démontré que l'instrument peut se fabriquer comme toute autre chose.

Alors il reste à savoir comment le public accueillera un baromètre si étrange et fondé sur des principes, aventureux suivant les uns, condamnés par les autres (*c*). L'expérience cependant amène quelque confiance. Le succès, lent d'abord, commence à s'établir.... On offre alors de l'invention et de la fabrique moins que la moitié de ce qu'elles ont coûté.

Mais laissons là, jusqu'à ce qu'il faille absolument la reprendre, cette discussion sans intérêt même pour l'inventeur.

Satisfait du jugement qui, en 1858, a si bien établi tous les faits, il avait été tenté de ne pas même comparaître à l'appel interjeté par M. B....

Il regretta alors, et il doit hautement rétracter une épitaphe qu'il s'était faite. Il avait eu d'autant plus de tort en cela que, dans les amères pensées qui ne l'ont pas quitté pendant tant d'années, il n'avait jamais, en lui-même, accusé la justice.

Ci-gît un fou qui cherchait
La Justice... chez la Science,
et
La Science... chez la Justice.

Revenons à des explications qui pourront au moins avoir quelque utilité pour une industrie bien timide encore.

LE MÉCANISME.

Les indications du cadran. — Avant l'examen des pièces qui doivent amplifier les oscillations du vase barométrique, il est à propos d'expliquer de quelle manière on a entendu faire exprimer par ces mouvements les divers degrés de la pression atmosphérique.

Le moyen le plus usité pour mesurer une pression consiste à la soumettre à la contre-pression d'un corps que l'on retient dans son attraction vers le centre de la terre, ce que l'on appelle la pesanteur.

Cette force qui agit sans variation sensible dans de très-grandes limites, qui peut avoir pour terme de comparaison le simple volume d'un corps et, pour celui-ci, l'un des plus répandus dans la nature, l'eau qu'on peut, en outre, se procurer si aisément à un état de pureté, d'identité parfaite, cette force de la pesanteur a dû naturellement être prise pour base dans nos transactions et nos calculs.

C'est la pesanteur du mercure que, dans l'ancien baromètre, on oppose à la pression de l'atmosphère. L'emploi du liquide y a cela de commode que, dans les changements de pression, il s'en ajoute ou s'en retranche spontanément dans la balance jusqu'à ce que l'équilibre soit rétabli. Il y a ceci d'heureux encore que, grâce à cette belle loi de l'hydrostatique qui nous apprend à ne tenir aucun compte des largeurs et des inclinaisons des capacités intermédiaires, mais uniquement de la différence verticale des niveaux, on y voit, on y mesure au mètre la pression de l'atmosphère.

On juge bien aussi une pression en l'opposant à la répulsion qu'exercent les corps élastiques quand ils ont été comprimés ; mais alors il est beaucoup plus difficile d'être sûr de la pureté ou de la composition des métaux, de la matière qu'on emploie habituellement à cet usage, ainsi que de leur contexture intérieure; il faudrait aussi pouvoir connaître exactement à quel degré leur résistance a varié d'après leur préparation. Leur course élastique, d'ailleurs, même sur 1 mètre de longueur, est si peu de chose qu'on ne se sert ainsi des métaux qu'en leur donnant des formes d'inégale résistance qui amènent des effets de levier multiplicateurs du mouvement; mais si celui-ci devient plus sensible à la vue, la cause devient en même temps plus difficile à apprécier. Aussi n'a-t-on jamais employé un effet d'élasticité comme unité générale de mesure.

L'anéroïde dont les fonctions reposent sur l'élasticité, devait en rencontrer les inconvénients généraux : il s'en présente, en outre ici, de particuliers.

Avec un dynamomètre ordinaire, en le chargeant de divers poids, et en observant les positions qu'il a prises, on peut ensuite juger à peu près sûrement de nouvelles charges ; mais un ou plusieurs poids appliqués verticalement sur le vase barométrique n'y agiraient point dans les mêmes conditions que la pression atmosphérique qui s'exerce sur toute la surface et perpendiculairement à chaque partie de cette surface dans quelque sens qu'elle se présente. Il faudrait, d'un autre côté, pour juger le degré de la pression, savoir en quelle quantité on a appliqué cette pression, et, par conséquent, connaître exactement la surface du vase ; il faudrait ensuite chercher quelle doit être la conséquence de l'action totale pour le point où on interroge l'appareil avec le mécanisme. Ainsi, quoiqu'on puisse dire, idéalement, que l'anéroïde mesure exactement la pression de l'atmosphère, il ne présenterait cependant par lui-même à nos yeux que des changements tout au plus comparables entre eux dans un même instrument.

Le seul moyen d'en tirer parti, c'est de le soumettre à une atmosphère artificielle, d'en faire varier les degrés de tension et de demander à la colonne liquide quels sont ces divers degrés. En notant sur le cadran les points où se tient l'aiguille pour chaque cas, on pourra ensuite y reconnaître les tensions équivalentes de l'atmosphère naturelle.

Après avoir établi ces points de repère, il fallait leur attribuer une valeur.

On aurait pu, comme on le fait en Angleterre pour la vapeur, indiquer de combien, à ces divers degrés, pèse l'atmosphère sur une surface donnée. Ce mode aurait semblé d'autant plus à propos que c'est par sa pression sur les surfaces que l'action de l'atmosphère se manifeste le plus et est le plus intéressante à étudier. Ce procédé eût été d'autant plus courant que la pression moyenne de beaucoup de lieux habités peut être exprimée par le kilogramme, unité de poids, et par le centimètre carré, unité de surface. Mais une invention qui vient à éclore a déjà trop d'obstacles à traverser pour qu'il lui soit sage de chercher à innover dans les habitudes sans nécessité. Il était d'ailleurs plus commode d'indiquer la pression par son effet sur la colonne de mercure, puisque c'est de cet effet qu'il faut partir pour graduer l'anéroïde, vérifier plus tard ses indications et les rectifier au besoin.

Les traits et les chiffres du cadran ont dès lors, uniquement pour signification de faire connaître que, lorsque l'aiguille de l'anéroïde est à tel point, le baromètre à mercure, placé au même lieu, serait à telle hauteur, en pouces ou en centimètres. Peu importe que les traits des millimètres ou des lignes soient plus ou moins écartés ; la seule considération en cela, comme avec des caractères d'imprimerie, c'est que la lecture soit assez facile et que l'objet ne soit pas trop volumineux. C'est là ce qu'on n'obtiendrait pas d'un simple vase, d'une manière satisfaisante.

Les divers mécanismes. — Le moyen le plus simple pour étendre un mouvement est évidemment le levier.

Un des brevets propose de former ce levier avec une lame de ressort très-mince, d'y appliquer près du point d'attache les oscillations du vase et, en prolongeant suffisamment ce levier sous forme d'index, de faire marcher son extrémité sur un arc gradué.

Il est préférable pour l'usage ordinaire de faire tourner une aiguille au milieu d'un cadran. Tous les moyens élémentaires connus en mécanique peuvent être appliqués à cet effet.

Après le choix de la pièce principale, les installations secondaires peuvent être très-diverses.

L'inventeur en a successivement essayé et employé un très-grand nombre. Une partie de celles qui avaient été spécialement brevetées est tombée dans le domaine public. Quelques-unes sont brevetées encore. Il avait voulu faire relever tous les plans de ces différentes dispositions; mais ce travail eût été excessivement long. Il peut suffire de signaler quelques conditions que tous ces appareils doivent remplir.

Le rappel du mouvement.— La perfection d'un mécanisme ayant à transmettre un mouvement exigerait une exacte précision dans l'assemblage des pièces. Comme il est impossible en cela, comme en tant d'autres choses, de compter sur la perfection, on se trouve placé entre deux défauts opposés : une liberté trop grande ou un serrage trop fort qui peut accroître considérablement le frottement inévitable résultant de l'action des pièces.

On préfère, pour l'horlogerie, laisser de larges ébats. Dans ces appareils qui, destinés à mesurer la course du temps, doivent marcher avec lui sans arrêt, sans retour, les dents d'une roue motrice chassent constamment devant elles les dents d'une autre roue en se succédant sans cesse : peu importe le jeu qu'elles laissent à l'arrière. Mais l'anéroïde n'avance pas ; il va, il revient, il s'arrête, puis repart ou à droite ou à gauche au caprice de l'air, et quelquefois de très-faibles quantités.

Si alors les dents du râteau qui est attaché au vase n'emprisonnent pas exactement les dents du pignon, ce râteau pourra osciller légèrement à droite ou à gauche sans faire mouvoir le pignon et son axe qui porte l'aiguille, ou, au contraire, le vase et le râteau restant fixes, le pignon et l'aiguille pourront changer de place au hasard, à de légères secousses, et, alors, les indications n'auront rien de précis.

On remédie aisément aux ébats, en armant l'axe de l'aiguille d'un ressort qui tende à ramener constamment les dents et les autres pièces les unes contre les autres, et contre le vase barométrique, de manière qu'elles reviennent immédiatement avec lui et n'avancent que par son impulsion.

On doit éviter de donner à ce ressort plus de tension qu'il n'est nécessaire pour assurer la marche de l'aiguille ; il réagit avec de longs leviers sur l'élasticité du vase plus qu'on ne le supposerait. Mais un inconvénient bien plus grave serait le frottement qui en résulterait dans le jeu des pièces. L'appareil serait alors obligé d'acquérir un excès de tension suffisant pour vaincre ce frottement et se mettre en marche : les indications seraient alors ou trop fortes ou trop faibles, selon que le vase aurait à agir dans un sens ou dans l'autre.

Du moment qu'un certain degré de tension est préférable, il est clair que plus on donnera d'élasticité à ce ressort, moins on s'écartera, aux deux extrémités de la course, des meilleures conditions.

Le contre-poids. — L'application de l'élasticité à la construction du baromètre ne devait pas avoir seulement pour but de rendre l'instrument plus petit et plus transportable, mais aussi de le rendre indifférent aux inclinaisons diverses sous lesquelles il pourrait se trouver dans un même lieu, ce qui arrive surtout à bord des navires. Il fallait pour cela le soustraire complétement à l'action de la pesanteur.

La quantité dont le vase tend à s'affaisser sur lui-même sous le poids de ses parties supérieures est certainement peu de chose, comparée à la pression qu'y exerce l'atmosphère; mais relativement aux variations à observer cette quantité ne laisse pas que d'être assez considérable.

Si l'instrument devait rester toujours posé à plat ou accroché, il suffirait de mettre l'aiguille au point en conséquence : après cela fait, l'action de la pesanteur, constamment la même, ne troublerait en rien l'exactitude des indications. Mais si on vient à pencher un vase dont la partie mobile se trouvait en dessus, la pesanteur qui n'agit dans toute sa plénitude que verticalement, viendra peu à peu à diminuer et même, en renversant l'appareil, on la ferait agir en sens contraire et réduire l'effet de la pression atmosphérique au lieu de s'y ajouter.

Il suffit de signaler l'inconvénient pour qu'on imagine le remède : un simple contre-poids qui équilibre les parties flottantes du vase et même les pièces du mécanisme, si celles-ci ne s'équilibrent pas entre elles.

Dans la figure 1 ce contre-poids est représenté sous la forme d'un bouton molleté, et il est placé sur un bras de levier opposé à celui auquel se relie le tube plissé. Ce contre-poids peut être établi avec vis de rappel pour en régler l'effet; mais comme il s'agit habituellement d'écarts très-limités, relativement à un plan vertical ou horizontal, une compensation approximative peut être suffisante.

La mise au point. — Il peut arriver par diverses causes qu'après l'instrument terminé, l'aiguille ne se trouve pas au point où elle devrait être. Il est, par exemple, presque impossible de la planter sur son axe exactement comme on le désire ; elle peut en outre dévier avec le temps.

Il faut donc qu'on puisse la conduire aisément, et sans être obligé d'ouvrir la boîte. On le fait en agissant non pas directement sur l'aiguille, mais sur le vase ou sur le mécanisme auquel elle se rattache, en changeant légèrement leurs rapports avec elle.

Dans la figure 4, on voit un balancier établi sur le bout d'une lame de ressort et qu'on peut ainsi faire avancer ou reculer au besoin avec une vis de pression. Dans la figure 1, c'est le vase barométrique qui est mobile à volonté, et qu'avec une vis on peut légèrement élever ou abaisser.

La course de l'instrument. — La marche barométrique à établir sur le cadran, en plus des oscillations ordinaires, dépend naturellement de la hauteur jusqu'à laquelle l'instrument doit être élevé dans l'atmosphère.

Pour les baromètres qui doivent rester en place, et c'est le plus grand nombre, il peut suffire en France de 6 centimètres que les variations atmosphériques dépassent rarement. C'est alors au goût du constructeur ou à la convenance du public de décider s'il vaut mieux étendre ces 6 centimètres autour du cadran pour rendre les divisions plus larges et plus visibles, ou bien les placer sur la moitié supérieure de ce cadran où elles se présentent mieux à la vue, en laissant, au delà, des divisions qui peuvent avoir leur utilité.

Il est bon seulement de faire observer ici que multiplier indéfiniment un mouvement est un jeu pour un écolier ; mais que c'est une étude pour un mécanicien que de proportionner le mouvement à la puissance motrice.

L'inertie de l'aiguille et des autres pièces et leurs frottements sont sans doute peu de chose, et cependant, au delà d'un certain rapport qu'apprend l'expérience, on voit rapidement décroître la fermeté de la marche et la précision des indications.

Le réglage. — Parmi les diverses causes d'où peut résulter, pour un changement de pression, plus ou moins d'étendue dans le mouvement de l'aiguille, si on considère une des principales, l'épaisseur du vase où quelques centièmes de millimètres font varier notablement la flexion, et si l'on songe que cette flexion doit être multipliée plus qu'au centuple par un assemblage de petites pièces, on concevra qu'il est impossible de construire un instrument qui réponde à une graduation arrêtée d'avance. Même après un modèle bien étudié et suffisamment éprouvé, d'autres appareils qne l'on cherchera à faire exactement semblables pourront néanmoins différer très-sensiblement avec les premiers et entre eux.

Ceci est de peu de conséquence si on divise le cadran expérimentalement, d'après la marche de l'aiguille telle qu'elle se présente. Mais, pour plus d'un motif, il est préférable d'avoir une division déterminée et d'y astreindre la course de l'instrument.

Il est facile d'y arriver en établissant dans la transmission de mouvement un levier susceptible d'être allongé ou raccourci à volonté au moyen d'une vis de rappel. On enferme alors l'instrument sous une cloche pneumatique, on comprime et on déprime l'air de manière à faire faire à la colonne de mercure une course de 6 centimètres, par exemple. Si l'aiguille parcourt plus ou moins que les 6 centimètres tracés sur le cadran, on sort l'instrument de la cloche, on tourne ou l'on détourne la vis de rappel jusqu'à ce que l'on arrive au parcours voulu. Cette opération serait la plus simple du monde, si elle ne devait se combiner avec une autre.

La régularisation. — Après avoir mis l'instrument d'accord avec le mercure à $0^m,76$ et à $0^m,79$, si on amène la colonne liquide à $0^m,73$, il arrivera peut-être que l'aiguille de l'anéroïde, de son côté, ne tombera pas exactement au chiffre 73. Il peut, en effet, résulter de directions anormales dans la flexion du vase ou dans la transmission du mouvement que l'aiguille n'avance pas comme le mercure de quantités égales pour des changements de pression égaux. C'est le remède à ceci qu'on a cru devoir appeler la *régularisation.*

Parmi les divers moyens qui ont été décrits ou employés, le plus simple consiste à faire travailler un levier avec une inclinaison plus ou moins grande. Il peut être utile d'expliquer ce principe par une figure tout en le dégageant des détails d'exécution et en exagérant un peu les choses. Ceux qui auront à faire ce travail comprendront ainsi aisément comment cette seconde opération diffère de la précédente.

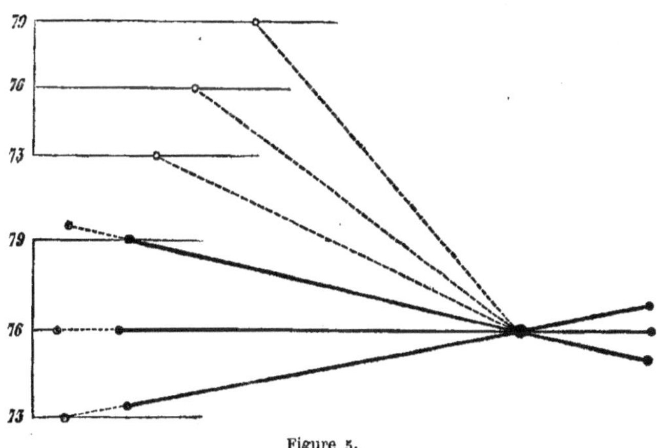

Figure 5.

La figure 5 représente, dans trois positions différentes, un balancier qui recevrait le mouvement d'un bout et aurait, de l'autre bout, à transmettre ce mouvement, en l'amplifiant. Les lignes parallèles représentent des distances égales comme les parcourt le mercure et comme on voudrait les faire parcourir au grand bras relativement à une certaine direction. On suppose que, par suite de l'irrégularité du mouvement, l'extrémité du grand bras, partant de la ligne 76, arrive, pour un changement de pression de $0^m,03$ de mercure, à la ligne 79, mais que pour un changement égal en sens contraire, ce bras n'arrive qu'à $0^m,73$ 1/2. Il est facile, en raccourcissant le petit bras ou en allongeant le grand, de faire atteindre par celui-ci la ligne 73, mais on aura accru et plus encore l'autre moitié de la course qui alors dépassera le chiffre 79, comme on le voit par des prolongements ponctués.

Mais qu'on incline convenablement le grand bras, ainsi que l'indiquent trois autres lignes ponctuées, et on arrivera à rendre égales les deux parties de la course relativement à la direction donnée.

On remarquera sans doute qu'alors cette course se trouvera reduite; il faudra donc revenir au réglage; mais, avec un peu d'habitude, à chaque essai, on touche en même temps au réglage et à la régularisation, et on arrive aisément au but. La marche ainsi rectifiée sur trois points a d'autant plus de chance d'être exacte sur tout le reste que, le plus souvent, c'est corriger l'aberration par une cause analogue à celle d'où elle provient.

En sortant de ces termes généraux, on aurait à représenter et à discuter ici diverses applications de ce principe et plusieurs appareils pour le réglage ; mais ces derniers objets surtout n'offriraient d'intérêt qu'au point de vue de l'exécution. Il serait bon aussi d'y figurer quelques outillages qui ont été imaginés pour faciliter le travail, et même d'autres qui ont été seulement adaptés à cet effet et qui, peu connus, seraient précieux dans des pays où on ne peut pas, comme à Paris, trouver une certaine aide dans diverses industries.

Mais pour ceux qui voudront sérieusement entreprendre

cette fabrication, en France ou à l'étranger, il vaudra mieux imiter quelqu'un qui, désirant profiter comme d'autres de la déchéance des premiers brevets, est venu franchement demander des explications à l'auteur. Ils pourront envoyer des dessinateurs mécaniciens pour relever des plans d'exécution, chose préférable à des dessins.

LES DIVERS EMPLOIS DE L'ANÉROÏDE.

Études scientifiques. — La tension de l'air qui nous environne et sa densité jouent nécessairement un très-grand rôle dans les expérimentations et dans l'examen des faits naturels utiles à observer, soit à la surface de la terre, soit à travers son atmosphère.

Le baromètre à mercure qui fait connaître la tension et qui donne un moyen de calculer la densité se trouve dans presque tous les lieux où on se livre à des études de ce genre. Pour ce cas, il n'y a qu'à répéter ce qui a été dit au commencement du brevet de 1844 : « Le premier instrument qui a servi à dé- » montrer la pression de l'atmosphère sera toujours le moyen le » plus beau et le plus sûr de la mesurer. » Mais on a dû se demander si un nouveau baromètre, si différent de l'ancien, ne se prêterait pas mieux à de certaines expériences, et s'il ne pourrait pas le suppléer au besoin. Ceci revient surtout à s'enquérir de son exactitude.

Des opinions très-diverses ont été émises à ce sujet. En cela (il est fâcheux mais utile de le dire) on a un peu imité ce touriste souvent cité qui, voyant dans un hôtel à Blois une servante avec des cheveux rouges et un caractère acariâtre, écrivait sur ses tablettes : « A Blois, les femmes ont les cheveux rouges et le caractère acariâtre. »

Autant d'anéroïdes, autant pour ainsi dire d'individus. Sous ce rapport, les deux systèmes diffèrent essentiellement, soit que l'on considère le plan ou le modèle, soit que l'on considère l'exécution.

Un tube de verre, fermé par le haut, vide à l'intérieur, et plongeant dans le mercure avec une échelle des hauteurs, telle est au complet l'œuvre de Galilée et de Torricelli, type unique qui traversera probablement la suite des temps, comme il a déjà traversé deux siècles entre les mains de la science, sans qu'on ait jamais rien imaginé que pour la commodité de son usage, et en diminuant d'autant plus les chances d'exactitude qu'on s'écartait plus de la construction première.

L'anéroïde, au contraire, est susceptible, à la rigueur, de toutes les formes, de toutes les dimensions et de l'emploi de matières diverses dans la construction du vase ou du corps barométrique. Le mécanisme multiplicateur et indicateur à y appliquer comporte aussi toutes les combinaisons imaginables. Y a-t-il un dernier mot à ces questions ? On suppose bien que l'inventeur a dû s'en préoccuper ; mais comme au delà des études faites il en avait projeté d'autres, comme au delà de ses conceptions, il lui avait semblé vaguement en entrevoir d'autres encore, il se gardera bien de poser ici ses idées comme un terme sur le chemin de l'avenir.

Si, les modèles étant donnés, on considère la réalisation, la différence n'est pas moins grande.

Que le mercure soit pur, que le vide soit exact, et le baromètre de Torricelli est parfait. Ce sont des soins déterminés à prendre et d'un résultat certain.

Mais avec l'anéroïde, sans parler de dimensions presque microscopiques dont on n'est pas toujours maître, on n'a point l'homogénéité dans le métal ou du moins on ne peut jamais en être sûr, ni pour la nature de la matière, ni pour sa contexture, ni pour les qualités qui en déterminent la résistance et l'élasticité.

Deux anéroïdes auront été faits avec du métal coupé dans les mêmes feuilles, ils auront été exécutés avec les mêmes outils, par les mêmes ouvriers, avec les mêmes soins, et ensuite vérifiés attentivement : qu'on les mette aujourd'hui en observation, demain l'un aura dévié de $0^{m},001$ peut-être, l'autre aura pu suivre exactement la marche du mercure. Il en est qui l'ont ainsi suivie pendant des années sans jamais s'en être écarté d'une quantité appréciable à la vue.

Mesure des hauteurs. — Quelques années après la découverte du baromètre, Pascal eut l'idée de faire porter cet instrument sur des points élevés, pensant que la colonne de mercure se raccourcirait dans le tube à mesure que se raccourcirait la colonne d'air qui pèse sur le réservoir. L'effet répondit à ses prévisions, et l'on conçut la possibilité de mesurer l'élévation des différents points du globe, en sondant pour ainsi dire à quelle profondeur ils sont ensevelis sous la charge de l'atmosphère.

C'est pour cet usage surtout qu'on a dû chercher à rendre le baromètre à mercure plus transportable. La disposition qui a le mieux réussi est une modification du baromètre à siphon qui a été imaginée par Gay-Lussac ; et telle est l'importance de la question, que Gay-Lussac est presque plus connu pour ce fait que pour ses plus savants travaux. Cependant ce baromètre a, comme tous les tubes étroits, un inconvénient dont on n'apprécie peut-être pas assez la gravité.

Le mercure, dans son contact avec les parois du verre, peut contracter une adhérence qui s'oppose sensiblement à l'établissement normal des niveaux. Cet écart sera en plus ou en moins, selon que le mercure aura séjourné précédemment au-dessus ou au-dessous du point où on l'observe, et cet écart sera même plus ou moins considérable, selon que le contact aura été plus ou moins prolongé. Aucun calcul immédiat ne peut rectifier ceci, et, tandis que la direction de la capillarité régulière est la même dans l'une et dans l'autre branche et que par conséquent ses effets se neutralisent, cette adhérence au contraire agit en sens inverse, et les causes d'erreur s'ajoutent l'une à l'autre.

Cette disposition, du reste, conserve l'ancienne longueur avec la fragilité du verre, et ne fait que diminuer les chances de rentrée de l'air ; aussi, à l'apparition de l'anéroïde, a-t-on dû songer à l'utilité qu'il pourrait offrir pour la mesure des hauteurs.

Comme les premiers instruments avaient été établis en vue de l'usage qui est énormément le plus général, on a mis en doute si ce système pourrait se prêter à de très-grandes hauteurs. Un peu de réflexion aurait fait sentir qu'il était plus facile au contraire d'appliquer le principe à cet emploi.

Qu'on suppose, en effet, un baromètre qui, pour un tour d'aiguille, doive descendre de $0^m,80$ à $0^m,70$, et qu'on représente par le nombre 10 la puissance de l'expansion du vase : il est clair que si, pour faire faire à l'aiguille un mouvement semblable, ce même baromètre devait descendre de $0^m,80$ à $0^m,30$, la valeur de la réaction passerait de 10 à 50. On pourrait donc avoir des leviers cinq fois plus longs, ou profiter de l'avantage pour demander moins de sensibilité au vase ou au ressort, et, ainsi, diminuer la chance des fuites et augmenter celle de la résistance.

Météorologie. — L'état plus ou moins favorable de l'atmosphère à travers laquelle nous arrivent la chaleur et la clarté, ses vents, ses pluies, ses orages, exercent une si grande influence sur le bien-être, sur les affaires, en un mot, sur presque tous les intérêts de la vie, que si la science arrivait à nous annoncer ces choses un jour seulement à l'avance, ce serait certainement un des plus grands services qu'elle eût jamais rendus à l'humanité.

Ses principes sur la dilatation de l'air, sur la formation et sur la condensation des vapeurs aqueuses, expliquent assez bien comment les phénomènes peuvent se produire en général. Mais, quant à l'application, trop de conditions se présentent. Il faudrait, entre autres choses, pouvoir connaître et apprécier partout la nature et la configuration des lieux. Un effet, d'ailleurs, une fois produit, devient, à son tour, une cause pour les effets environnants. Il s'élève ainsi, dans les champs de l'atmosphère, d'innombrables conflits impossibles à démêler de manière à en déduire un résultat certain pour un point et un moment fixés.

Les correspondances télégraphiques qui s'établissent à ce sujet n'auront peut-être pendant longtemps encore d'autre résultat important pour la météorologie que de stimuler ce genre d'études ; car, tant que les connaissances n'arriveront pas à fonctionner pratiquement, cette sorte d'ubiquité que l'observateur peut se créer dans différentes stations, n'offrira qu'un faible avantage, puisqu'il importe peu au physicien, pour ses spéculations, que les données lui arrivent plus ou moins vite, pourvu qu'il en ait les dates respectives.

S'il est un examen qui semble présenter des chances de succès, évidemment c'est celui des tempêtes, qui, dans leur marche puissante, ne se laissent pas amortir ou détourner par des obstacles de second ordre ; qui n'ont pas le temps, comme des vents ordinaires, de déposer leurs vapeurs, le soir, au lit des rivières, de se réchauffer au flanc des montagnes, de se refroidir à leur ombre.

Quand la science sera capable de surprendre les tempêtes à leur naissance et de prévoir leurs progrès et leur route jusqu'à leur déclin, c'est alors qu'il sera précieux d'avoir asservi à nos messages l'électricité, qui laisse si loin derrière elle la course des plus forts ouragans.

Quoi qu'il en soit des bienfaits que nous réserve l'avenir de la météorologie, pour le moment, au lieu de chercher les effets dans l'ensemble des causes qui doivent les produire, nous en sommes réduits à observer les circonstances qui accompagnent les phénomènes et souvent les précèdent. Une des principales est la pression de l'atmosphère.

A l'origine du baromètre, on trouva, par le raisonnement, que le temps devait tourner au beau lorsque la colonne de mercure descendait; l'expérience démontra bientôt que c'était le contraire. Il est admis maintenant que, généralement, le temps tourne au beau ou au mauvais selon que le baromètre monte ou descend.

On a l'habitude, en conséquence, d'inscrire le mot : *Variable*, à la hauteur où se tient en moyenne la colonne de mercure. Cette hauteur dépend évidemment de celle à laquelle se trouve placé l'instrument dans l'atmosphère : elle peut cependant être modifiée par d'autres causes. Au-dessus et au-dessous de ce point, à de certaines distances, on inscrit les mots si connus : *Beau temps*, *Pluie* ou *vent*, etc.; mais ce n'est pas avec la prétention de dire que si le baromètre arrive à tel ou tel point il fera certainement tel ou tel temps, mais seulement qu'il y a des chances pour qu'il en soit ainsi.

Des idées saines sur ce sujet, quelque simple qu'il soit, sont rares à un point qu'on ne saurait croire, surtout en France. Tous les jours, les opticiens voient des personnes fort instruites, d'ailleurs, dire que leur baromètre a mal marché, parce que ses pronostics ne se sont pas accordés avec la réalité, comme si tous les baromètres en bon état n'étaient pas alors dans le même cas, quel que soit leur degré plus ou moins grand de précision.

On ne saurait donc trop répéter que le baromètre n'a pour fonctions directes que d'indiquer la pression de l'atmosphère, de même qu'un autre instrument météorologique très-vulgaire, la girouette, indique la direction des vents. Dans nos climats, on s'attend habituellement au froid lorsque la girouette vient à tourner sous le nord, à la pluie lorsqu'elle tourne sous le sud. Quand il en arrive autrement, accuse-t-on la girouette, à cause de cela, de mal fonctionner?

C'est un travers non moins commun que de n'avouer cet usage du baromètre qu'avec un demi-mépris. Il semble qu'on se donne de la sorte un air scientifique. Trop longtemps, en effet, la science a fait peu de cas de ce genre d'utilité, qu'elle appelait domestique; mais elle commence à considérer, avec moins de dédain, ces brusques abaissements, présages rarement trompeurs, qui avertissent l'agriculteur de serrer sa moisson, et le marin de se préparer à la lutte ou de chercher un abri. Elle en vient, du reste, à regarder, en général, ce qu'elle appelle *ses applications* comme moins au-dessous d'elle. Ce n'est pas seulement plus juste et plus humain de sa part : c'est aussi d'une plus haute philosophie; car la nature nous atteignant de près ou de loin, par toutes les questions imaginables, il est clair que les théories qui semblent d'autant plus sublimes qu'elles ont moins de rapport avec notre usage, accusent, au contraire, de plus larges lacunes dans nos connaissances.

Les développements modernes de l'industrie qui transportent si fréquemment loin de nos toits nos intérêts et notre existence, contribueront beaucoup à étendre l'usage du baromètre. Lors d'ailleurs qu'on a pris l'habitude de le consulter, il offre un certain charme, comme tout ce qui donne signe de vie autour de nous, dans des intérieurs souvent tristes, sans intervenir contrairement à nos sentiments et à nos droits.

C'est aux observations météorologiques surtout que s'appliquera l'anéroïde. Non-seulement il remplacera presque partout le baromètre à mercure, mais il donnera, à son tour, à cet usage une extension qu'on ne saurait croire. Ce serait déjà plus qu'on ne le supposerait, que la possibilité de réduire à volonté cet appareil, qu'il fallait tenir appendu contre les murailles en déguisant le tube sous des ornements de mauvais goût. Mais ce n'est rien auprès de la facilité du transport. Si l'on songe qu'il fallait savoir s'y prendre pour déplacer les anciens baromètres d'une chambre dans une autre ; que l'opticien, en les expédiant pour une ville voisine, en avait souvent la moitié de cassés ; que pour l'exportation, l'on envoyait séparément le tube et le mercure, et qu'il était presque besoin d'un deuxième constructeur précisément sur les lieux qui en étaient dépourvus, on comprendra quel essor doit donner au baromètre ce nouveau système, qui, avec peu de frais et des soins ordinaires, permet d'expédier les instruments, des grands centres manufacturiers jusqu'aux pays les plus éloignés.

On avançait dans un mémoire judiciaire, qu'il se construirait un jour mille anéroïdes sous différents noms et différentes formes, contre un baromètre à mercure : ce n'était peut-être pas trop dire. Mais l'invention est à peine connue; la fabrication et le commerce en sont encore dans l'enfance.

Malheureusement, à côté de grands avantages se manifestera un grave défaut dans l'invention.

On a expliqué diverses causes, par suite desquelles il est impossible d'être sûr de la bonté de l'instrument que l'on construit. En ne considérant même que les soins connus à prendre, il est clair qu'avec une fabrication un peu étendue, le chef de l'établissement ni ses contre-maîtres ne peuvent suivre le travail et toujours et partout. Si l'instrument achevé ne remplit pas les conditions voulues, il ne sera pas possible, dans bien des cas, d'en juger à la simple inspection. Si donc on ne soumet pas les instruments à des observations convenables, on sera exposé à en livrer indifféremment d'excellents et d'autres sans valeur.

L'acquéreur à son tour est bien moins à même de les apprécier, car ce qui en constitue la valeur ce n'est pas une boîte en cuivre, qui coûte beaucoup moins qu'on ne le pense ; ce n'est pas, même au dedans, le poli des pièces qui en impose à l'œil, mais qui n'est que le travail le plus vil et sans influence sur la marche de l'appareil : c'est de la marche elle-même qu'il s'agit ; or, il est impossible de la préjuger à la vue.

Il serait donc à désirer, dans les commencements surtout, que d'anciennes maisons bien connues dans l'optique et dans l'horlogerie entreprissent ces baromètres. L'auteur en a engagé vainement plusieurs à le faire. Mais un autre genre d'industrie s'appliquerait parfaitement à cette construction : c'est celle des fabricants de lampes. Ce sont eux, surtout, qui sont aptes à y apporter l'économie et à répandre ces baromètres non plus seulement dans les grandes villes, comme des objets de luxe, mais dans les villages, dans les fermes, et jusque dans les cabanes des pêcheurs.

On a dit précédemment qu'il serait rare peut-être d'avoir un anéroïde parfait, remplissant par conséquent deux conditions : 1° être susceptible de suivre tous les mouvements du mercure en présentant exactement à chaque point des indications identiques ; 2° ne pas dévier de cet état, ni en plus ni en moins, pendant un temps indéfini.

Après cet aveu, il est bon de faire observer que cette perfection rigoureuse n'est pas nécessaire dans l'instrument pour une application où il ne s'agit plus de la valeur absolue de la pression atmosphérique, mais simplement de ses changements.

Dans ce dernier cas, il y a deux choses à considérer : 1° un point principal; 2° les écarts qui peuvent se produire dans un sens ou dans l'autre.

Le point intermédiaire, où doit se trouver le mot *Variable*, dépend principalement, comme on l'a dit, de la hauteur du lieu ; mais cette hauteur ne demanderait pas seulement à être envisagée à raison d'un pays, pris en général. Dans une seule ville, la différence peut être très-notable, suivant les quartiers : elle peut même, dans une maison, d'un étage à un autre, aller à plus d'un millimètre.

On avait donc l'habitude, dans le baromètre à mercure, d'inscrire les mots sur une plaque, que l'on pouvait, suivant le besoin, fixer plus haut ou plus bas sur la planchette. Pour le baromètre à mercure à cadran, M. Richard avait imaginé de placer les chiffres sur un cercle particulier, mobile à volonté. On aurait pu en faire autant pour l'anéroïde ; mais cette complication aurait eu des inconvénients.

Quant à des cadrans gravés ou imprimés pour chaque destination, c'eût été une chose incompatible avec les conditions du commerce et de la fabrication. On a pourvu à ceci par la disposition qui permet, en tournant du dehors une tête de vis, d'amener l'aiguille au point qu'on désire, comme on met une montre à l'heure du pays où l'on se trouve. Tout opticien connaît à quelle hauteur est le *variable* sur les lieux; il n'a qu'à conduire l'aiguille à la distance de ce point où elle doit être en ce moment. Les divisions à droite et à gauche indiqueront tout aussi bien la valeur des variations, quels que soient les chiffres placés au-dessous.

Au reste, pour qu'on n'attache pas trop d'importance à ceci, il est bon de faire observer que la moyenne d'un lieu n'a rien d'absolu; que la moyenne d'un mois est rarement celle d'un autre mois; que celle d'une année diffère quelquefois de celle de l'année suivante, et qu'une moyenne, relativement à la pression, n'est pas nécessairement une moyenne relativement à ce qui peut advenir de plus ou moins heureux dans l'état de l'atmosphère. La fixation exacte de ce point de départ n'aurait d'ailleurs d'importance qu'autant que les écarts auraient une valeur météorologique exactement proportionnelle à leur étendue. Il faudrait aussi, à la rigueur, considérer que la grandeur des oscillations barométriques varie suivant les latitudes, et en venir sur ce point encore à des dispositions diverses suivant les lieux. Il est mieux de faire observer à celui qui se sert du baromètre, qu'au lieu de se préoccuper à l'excès de toutes ces questions, et surtout de savoir si son baromètre est parfaitement d'accord avec d'autres baromètres, qui ne s'accordent pas toujours entre eux, il est préférable de le comparer avec lui-même; d'observer plutôt les mouvements de l'aiguille que sa position. Une marche persistante dans un sens ou dans l'autre, est un indice presque certain des dispositions du temps; des oscillations larges et brusques sont l'effet de graves perturbations qui ont lieu à distance, et presque toujours elles sont les précurseurs d'autres perturbations qui doivent survenir sur les lieux où l'on se trouve.

Dans le cas où l'instrument viendrait avec le temps à dévier par trop de son état primitif, il est certain que ce serait une chose fâcheuse pour les appréciations; mais alors il suffirait de ramener l'aiguille au point comme il est dit plus haut. Si ces baromètres, après les observations, n'ont été livrés que dans d'assez bonnes conditions, il y aura suffisamment de marge pour qu'ils puissent servir pendant la vie d'un homme, sans que les rectifications les fassent par trop sortir de leur état normal.

Une condition essentielle, c'est la sensibilité. Sous ce rapport, l'invention a dépassé les espérances.

Ce fut, certes, une grande surprise pour l'opticien qui monta au dôme de Saint-Paul de Londres avec le premier anéroïde, quand il vit cet assemblage de parties grossières accuser, à chaque station, le poids des légères couches d'air dont on le soulageait, comme on aurait cru que le liquide seul pouvait le faire.

(*a* page 9.)

Un baromètre à mercure.

Dans ses diverses tentatives pour perfectionner le baromètre, l'inventeur des anéroïdes s'était demandé s'il ne serait pas possible de rendre les oscillations plus apparentes sans aucune complication mécanique, sans autre chose que le tube, la cuvette et le mercure, et il avait imaginé la disposition représentée fig. 6 (1).

a est le tube barométrique, qui est fixe, comme à l'ordinaire. *b* est la cuvette. Celle-ci a de particulier que le milieu remonte à travers le mercure sous la forme d'une tige ou d'un tube fermé par le haut, et que cette cuvette doit rester librement abandonnée à elle-même.

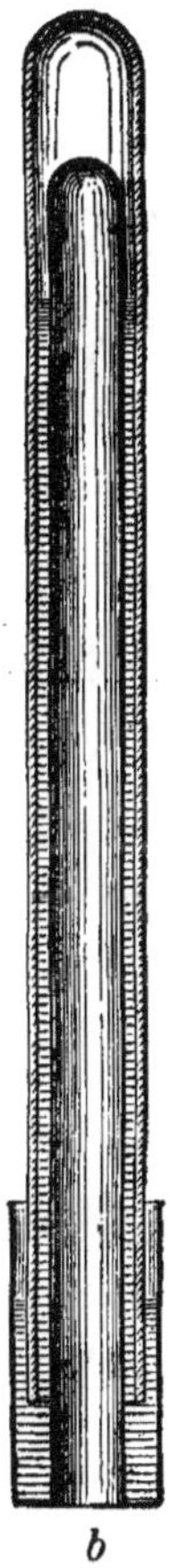

Au premier coup d'œil, il semble extravagant de supposer qu'elle puisse ainsi se tenir en l'air avec le mercure qui pèse dessus; mais l'examen démontre aisément qu'avec de certaines proportions, on peut arriver à un équilibre stable pour une pression atmosphérique donnée, et que, cette pression venant à s'accroître, la cuvette devra remonter en refoulant le mercure, jusqu'à ce qu'elle arrive à un nouvel état d'équilibre. Ce mouvement de la cuvette et l'élévation du mercure dans le vide seront, à volonté, d'autant plus considérables, qu'on aura fait plus mince la partie inférieure du tube barométrique qui s'immerge dans le mercure.

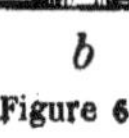

Figure 6.

(1) A des époques où il avait douté des procédés qui ont fini par réussir, il s'était occupé aussi de diverses dispositions de vases clos, avec des liquides.

Plusieurs causes se seraient opposées à l'emploi de ce système ; mais le fait bizarre d'un corps **flottant sous le liquide** peut être bon à signaler, comme susceptible de rencontrer quelque application utile. Il pourrait au moins servir dans les cabinets de physique parmi ces appareils qui, présentant, en apparence, des résultats en opposition avec les lois les plus positives de la science, forcent les élèves à mieux approfondir l'étude de ces lois. Les figures 7 et 8 représentent un appareil disposé à cet effet.

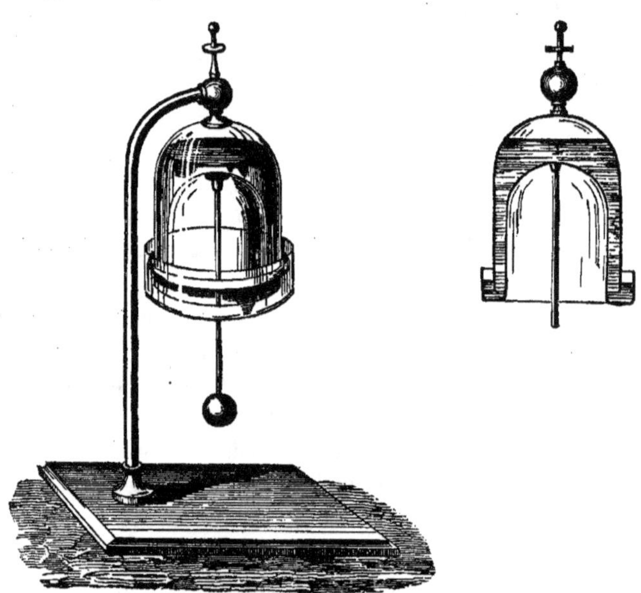

Figure 7. Figure 8.

On y voit une première cloche fixée au bout d'une tige recourbée, et une autre cloche d'un diamètre plus petit, mais dont la partie inférieure s'étend et se relève en dehors, de manière à présenter une auge circulaire sous les bords de la cloche fixe. On tient la deuxième cloche sous la première ;

on verse de l'eau dans l'auge circulaire, et on fait remonter cette eau dans la cloche fixe en aspirant l'air par un robinet placé à la partie supérieure : on ferme ensuite le robinet; et, si les dimensions et les pesanteurs ont été étudiées convenablement, on voit la deuxième cloche se tenir *flottante sous le liquide*. Il est même facile d'obtenir une force ascensionnelle assez considérable pour qu'on puisse adapter, au milieu de la cloche mobile, une longue tige avec une boule de métal en contre-bas pour servir de lest à l'appareil flottant.

La force qui soutient la cloche mobile provient d'une différence entre la pression atmosphérique qui agit sur elle de bas en haut et celle qui agit de haut en bas. En dessous, la pression s'exerce sur toute la surface de cette cloche; en dessus, la pression est supportée en partie par la cloche fixe. Il est vrai que l'eau, pressée en dehors par l'atmosphère, réagit en dedans avec une force semblable, tellement que, si la cloche fixe avait une hauteur suffisante et que le vide y fût complet, l'eau pourrait y remonter jusqu'à 10 mètres, par exemple, au-dessus du niveau sans rien changer aux conditions d'équilibre de la cloche mobile. Mais du poids qu'aurait cette colonne, il faut déduire le poids de l'eau déplacée par la cloche mobile au-dessus du niveau. Si ce dernier poids équivaut à celui de toute l'eau qui se trouve au-dessous du niveau, joint au poids de la cloche et de son lest, il y aura équilibre.

(*b* page 34.)

Mémoire à la Cour de cassation en pourvoi contre l'arrêt qui avait condamné M. Vidi à prendre livraison des cent baromètres de M...,

1846.

EXTRAIT RELATIF A L'ÉLASTICITÉ.

§ 8. — PLAIDOIRIES DEVANT LA COUR ROYALE.

(*Gazette des tribunaux*).

« ...... M. Vidi a interjeté appel, et a présenté lui-même à la barre de la première chambre de la Cour ses griefs contre le jugement.

» M. Vidi, avec un langage facile et animé, s'est plaint que, pour l'appréciation d'une machine métallique tenant de la construction des ressorts des dynanomètres et de celle des machines pneumatiques, le tribunal, au lieu de nommer des experts tels qu'un fabricant de ressorts, un horloger, un opticien, eût choisi un arbitre rapporteur, et, à ce titre, un souffleur de verre.

» M. Vidi, après avoir relevé dans le rapport de l'arbitre certaines imperfections reconnues par lui, terminait en réclamant avec force une expertise par des gens plus compétents que celui choisi par le tribunal.

» Me Arago, avocat de M. ....., a fait connaître que l'arbitre si vivement critiqué par M. Vidi n'était rien moins que M. ....., fournisseur, pour la Marine et l'Observatoire, des baromètres et autres instruments.

» La Cour a confirmé purement et simplement le jugement du tribunal de commerce. »

Après avoir vainement sollicité de la Cour une nouvelle expertise, requis de plaider au fond, j'ai énoncé les motifs qui m'avaient déterminé à refuser les baromètres de M. ....

. . . .

N'ai-je pas vu, entre un premier et un second modèle, l'*élasticité* parfaite des métaux posée dans tous les traités de physique comme l'un des principes fondamentaux de la science, s'écrouler sous les essais de M. Wertheim? Lorsqu'avec un second brevet, recourant à l'*élasticité* des gaz qu'on n'a point encore accusé d'imperfection, j'ai eu sacrifié six mois à lutter contre la dilatation incomparable de cet autre ressort, et six mois encore à tâcher de rendre ce nouveau moyen applicable pour le public, tandis que je traçais mes courbes sur les données de Mariotte, n'ai-je pas vu, derechef, cette ancienne croyance, si rationnelle, si belle, flétrie à son tour par les études de M. Regnault?

A quelle distance peuvent donc être de nous les lois immuables qui doivent embrasser, comme choses toutes simples, ce qui est à nos yeux de si étranges anomalies, et comment prétendre mettre ces lois dans la balance à côté de celles de la justice?

Maintenant que, d'après les mémoires de M. Wertheim, approuvés par un rapport, sanctionné lui-même par l'Académie des sciences, il est admis que la matière cède toujours, même sous la plus faible pression, que pourrait-on répondre à celui qui viendrait nous dire : « Précédemment, il est vrai, on avait suivi trop peu l'action des faibles charges pour en apprécier les effets; M. Wertheim, par un examen plus soutenu, a pu reconnaître une déformation; mais si de nouveau on observait plus longtemps encore, on verrait dans de certaines conditions que cette déformation va chaque jour en diminuant. »

Qui sait si nous ne retrouverions pas alors ces limites d'*élasticité* qui nous avaient échappé?

Comme si elle se jouait pour nous exercer, la nature, parfois, se laisse entrevoir et se cache : lorsque l'enfant arrive au but, elle n'y est plus; il court plus loin, et peut-être elle est derrière. Si à l'appui de cette opinion..... Me préserve le ciel d'oser tenter des théories! incapable et croyant à peine à l'expérience, je veux dire à la possibilité d'adjuger avec certitude aux effets la part des causes.

Aussi bien de pareilles dissertations ne paraîtraient-elles pas déplacées dans des notes judiciaires?

Cependant, est-ce bien moi qui m'écarte de la question, ou est-ce la question qui s'écarte ?

En effet :

Un écrit double et non contesté stipule en nombre de millimètres et de kilogrammes, posés en toutes lettres, la hauteur que les ressorts doivent avoir sans charge, puis leur hauteur sous une charge donnée ; il est avéré au procès que les ressorts de M........ ne remplissent pas cette condition. Je cite l'article 1142 du Code civil : « *Toute obligation de faire ou de ne pas faire se résout en dommages-intérêts en cas d'inexécution de la part du débiteur.* » Je demande la résiliation et des dommages-intérêts.

Là s'arrête la question de droit.

On s'excuse par l'imperfection prétendue, récemment découverte, de l'*élasticité* des métaux.

Ici, nous entrons sous la juridiction de la science. Il faut donc évoquer ses jugements pour et contre, discuter, au besoin, l'autorité qui les a rendus.

Ayant obtenu de répliquer avec l'injonction d'être bref, je me suis attaché à ce seul point des ressorts, comme à l'un des plus clairs et des plus importants. Réduit, en dernière analyse, à plaider sur l'*élasticité*, je n'en ai point appelé aux lois suivant lesquelles on fait mouvoir les molécules : je me fie mieux, sur les secrets de la trempe, au coup d'œil du chef d'atelier qu'aux calculs transcendants de l'algébriste. Montrant à la Cour un de ces ressorts, et le comprimant entre les doigts, je me suis engagé, si on voulait bien nommer des experts, à présenter, par centaines, des ressorts semblables, qui, dans les mêmes conditions que ceux de M......., ne céderaient pas comme les siens et ne casseraient pas.

. . . .

J'ai prié la Cour de vouloir bien faire éclairer la question avant d'homologuer en quelque sorte par son arrêt un pareil rapport.

Mais c'est une fatalité..... on pourrait dire plutôt : *Il est logique qu'une chose nouvelle soit mal jugée.*

Il s'agissait d'un nouveau baromètre : la Cour a dû penser naturellement que personne n'était mieux à même d'en parler qu'un constructeur de baromètres ; aussi était-ce le seul moyen sérieux de Me Arago.

« Savez-vous, Messieurs, quel est l'arbitre que M. Vidi traite
» si cavalièrement de souffleur de verre? Eh bien, Messieurs,
» c'est M. ....., qui fait les thermomètres et les baromètres
» de l'Observatoire. Si c'est un homme capable de juger une
» pareille question, je vous le garantis, et j'en sais peut-être
» quelque chose. »

Me Arago a certifié aussi à la Cour, et à plusieurs reprises, que cette invention était une chimère.

En jugeait-il ainsi d'après l'ouvrage de son client, ou pour l'avoir ouï dire? Quoi qu'il en soit, il était facile de l'interrompre par un seul mot ; mais la honte m'a pris d'aller, à propos de cette chétive idée, emprunter les paroles du maître de Torricelli : « Et pourtant... *e pur si muove!* »

(c page 34.)

Une discussion sur la dilatation et la porosité. 1850.

A Monsieur le rédacteur du MINING JOURNAL, *à Londres.*

MONSIEUR,

On me communique, dans votre numéro du 5 de ce mois, une lettre qui vous a été adressée par M. N..., dans le but avoué d'appeler le mépris public sur l'anéroïde.

J'ai souvent blâmé les éloges outrés de cette invention; je n'ai jamais répondu aux critiques qui en ont été faites.

La violence de celle-ci et l'intérêt évident qui l'a dictée m'engageraient à la laisser passer plus que toute autre, si la considération dont jouit votre journal et des instances trop pressantes me permettaient de garder le silence.

Je ne répondrai point à cet article par un article plus long encore, auquel M. N... aurait besoin de répliquer, et moi ensuite. Allons au fait.

Le plus grave défaut sur lequel s'étende M. N... consisterait dans des effets de *dilatation* si prodigieux, qu'il serait presque dangereux pour un navire de consulter l'anéroïde.

Je propose à M. N... l'expérience suivante :

1° Je présenterai un anéroïde, et M. N... le meilleur baromètre à mercure qu'il pourra trouver.

2° Nous choisirons trois juges recommandables par leur science et leur caractère.

3° Nous déposerons chacun 400 livres sterling, ou 10,000 fr., entre leurs mains.

4° On aura deux chambres entretenues à peu près à une température constante : pour l'une, de 50 degrés Fahrenheit; pour l'autre, de 100 degrés. Après que les deux baromètres auront séjourné une demi-heure dans l'une des chambres, on notera leur hauteur, comparativement à un baromètre à mercure tenu à une température constante, ou réduit par les calculs ordinaires. On les portera ensuite dans l'autre chambre, où l'on opérera de même, et ainsi, alternativement, jusqu'à concurrence de douze observations, le tout en notre présence.

5° On additionnera les déviations dans la marche produites par les changements de chaleur, et le baromètre où elles auront été le moins considérables recevra les 800 livres sterling, ou 20,000 francs.

Si vous avez l'obligeance d'insérer textuellement cette lettre dans votre prochain numéro, et que M. N... déclare, oui ou non, dans le numéro suivant, qu'il accepte ces conditions telles qu'elles sont posées, je me tiendrai pour engagé, et me rendrai à Londres, pour me soumettre à l'expérience, dans les vingt-cinq jours qui suivront.

L. VIDI.

Paris, le 24 janvier 1850.

Mining Journal, february 2, 1850.

Monsieur le rédacteur,

Je crois que ma réponse à M. B... était en partie applicable à la lettre du docteur M ..; mais il est un point que votre savant correspondant, le docteur M..., soutient encore et que je désire éclaircir. Il parle du baromètre anéroïde comme d'un instrument « qui doit être considéré comme fondé sur des principes exacts. »

Je dis à ce sujet que si l'on forme une chambre en métal privée d'air, en totalité ou en partie, et que ce métal soit assez mince pour être aisément affecté, comme le dit l'inventeur, par la plus légère différence de pression de l'atmosphère, et qu'on ait ainsi un principe réellement exact, on doit alors admettre que tout ce qui a été écrit par les savants relativement à la *porosité* du métal, et que toutes les expériences tendant à démontrer la vérité de leurs assertions, sont tout à fait dénués de fondement. Mais si, au contraire, la loi est exacte et que les métaux soient réellement *poreux*, je dis de nouveau que le principe de l'anéroïde est très-vicieux, l'instrument dépendant entièrement, pour ses indications, du vide fait dans une chambre mince en métal. . . . .

Que dirai-je maintenant de la lettre de M. Vidi, qui est vraiment digne du *Bell's Life?* ...... Je tiens que ce n'est point généralement la manière des hommes de science de discuter un point et de tâcher d'éclaircir les faits, etc.

Le **9** juillet **1861**, la Cour de cassation a rejeté le pourvoi de M. B..., et a ainsi rendu définitifs les jugement et arrêt qui ont déclaré que M. Vidi est l'inventeur des baromètres anéroïdes ou métalliques, et qu'on aurait dû *maintenir ses brevets* en **1851**.

PARIS. — IMPRIMERIE CENTRALE DE NAPOLÉON CHAIX ET Cᵉ, RUE BERGÈRE, 20. — 4478.

www.ingramcontent.com/pod-product-compliance
Lightning Source LLC
LaVergne TN
LVHW020044170826
845678LV00001B/429